宁夏中部干旱带
以水定地规划原理

NINGXIA ZHONGBU
GANHANDAI
YISHUIDINGDI
GUIHUA YUANLI

● 张居平 王德全 张晓宇 著

黄河出版传媒集团
阳光出版社

图书在版编目（CIP）数据

宁夏中部干旱带以水定地规划原理 / 张居平，王德
全，张晓宇著. -- 银川：阳光出版社，2023.8
ISBN 978-7-5525-6950-6

Ⅰ.①宁… Ⅱ.①张… ②王… ③张… Ⅲ.①干旱区
－水资源利用－可持续性发展－研究－宁夏②干旱区－
土地利用－可持续性发展－研究－宁夏 Ⅳ.①TV213.9
②F321.1

中国国家版本馆CIP数据核字（2023）第149453号

宁夏中部干旱带以水定地规划原理　　　　　　张居平　王德全　张晓宇　著

责任编辑　李少敏
装帧设计　赵　倩
责任印制　岳建宁

 黄河出版传媒集团
阳　光　出　版　社　出版发行

出 版 人　薛文斌
地　　　址　宁夏银川市北京东路139号出版大厦（750001）
网　　　址　http://www.ygchbs.com
网上书店　http://shop129132959.taobao.com
电子信箱　yangguangchubanshe@163.com
邮购电话　0951-5047283
经　　　销　全国新华书店
印刷装订　宁夏凤鸣彩印广告有限公司
印刷委托书号　（宁）0026794

开　　本　880 mm×1230 mm　1/16
印　　张　14.25
字　　数　230千字
版　　次　2023年8月第1版
印　　次　2024年3月第1次印刷
书　　号　ISBN 978-7-5525-6950-6
定　　价　48.00元

前　言

　　水土资源利用规划作为实现水土资源可持续利用的重要途径和工具，一直是国内外研究的热点问题。随着水土资源可持续利用以及水土资源利用规划理论和方法研究的逐步深入，系统研究为以水定地规划和水土资源可持续利用规划提供支持的理论与方法成为我们面临的一项重大而又紧迫的课题。

　　对干旱与半干旱地区而言，只单纯研究水资源或土地资源的可持续利用规划是不够的。在干旱地区，水资源制约了土地资源的开发利用，进而影响到地区社会经济的发展，更为严重的是由于经济落后，人们对土地资源过垦过牧，久而久之，造成自然生态环境严重破坏，大面积水土流失、土地荒漠化已成为这些地区的普遍现象，甚至影响到这些地区人民的安定团结。因此，必须研究这些地区人与土地、土地与水资源的关系，以水定地，真正实现干旱地区生态合理、经济稳定增长、社会安定的可持续发展局面。

　　本书将水土资源可持续利用和水土资源利用规划的相互作用机制作为切入点，在分析水土资源可持续利用规划目标、原则、特征和内容的基础上，提出了干旱地区适应水资源承载力的土地可持续利用规划方法，研究了干旱地区适水发展的土地可持续利用规划的编制程序和技术体系，并以宁夏中部干旱带为例进行实证研究。主要内容分为三部分：宁夏中部干旱带水资源利用现状及节水潜力分析、干旱地区适水发展的土地可持续利用评价、宁夏中部干旱带适水发展的土地可持续利用规划及决策。

　　第一部分对宁夏中部干旱带水资源利用现状和存在的问题进行了分析，

在此基础上提出宁夏中部干旱带节水的主要环节及技术措施，分析了通过对各灌区实施渠道防渗衬砌、田间高效节水灌溉技术推广、种植结构调整、加强灌区管理等措施后，宁夏中部干旱带到2030年的节水潜力。

第二部分根据干旱地区实际，研究了干旱地区土地可持续利用的评价方法，在宁夏中部干旱带适水发展的土地可持续利用实例研究中，针对宁夏中部干旱带土地利用特点，对影响宁夏中部干旱带土地可持续利用的障碍因子进行了评价，结合宁夏中部干旱带土地利用规划，确定了宁夏中部干旱带土地可持续利用结构。

第三部分论述了水土资源可持续利用规划的相关概念和编制程序，具体阐述了干旱地区水资源承载力下的土地可持续利用规划的一些技术和方法，有针对性地建构了干旱地区适水发展的土地可持续利用规划的数学模型，并提出了适水发展的土地可持续利用规划的评估和决策方法。同时，研究了在宁夏中部干旱带有限的水资源条件下，实现地区生态效益、社会效益、经济效益最优化的水土资源可持续利用规划及决策体系。

由于作者水平有限，书中难免有疏误之处，恳请读者谅解与指正。

目　录

第一章　绪　论 / 001

　　第一节　研究背景 / 001

　　第二节　研究意义 / 004

　　第三节　研究综述 / 006

　　第四节　研究内容及方法 / 021

第二章　干旱地区水资源评价 / 024

　　第一节　干旱地区水资源 / 024

　　第二节　干旱地区水资源评价理论 / 032

第三章　干旱地区节水潜力分析 / 043

　　第一节　节水及节水潜力概念 / 043

　　第二节　干旱地区节水潜力理论基础 / 045

　　第三节　干旱地区节水潜力计算方法 / 046

　　第四节　小结 / 048

第四章　宁夏中部干旱带水资源开发利用现状 / 049

　　第一节　水资源概况 / 049

　　第二节　黄河初始水权分配情况 / 060

　　第三节　水资源开发利用现状 / 062

　　第四节　水资源开发利用中存在的问题 / 065

第五章 宁夏中部干旱带水资源评价及节水潜力分析 / 072

第一节 渠系衬砌情况 / 072

第二节 渠系水利用系数 / 078

第三节 种植结构现状 / 079

第四节 节水潜力分析 / 082

第六章 干旱地区土地可持续利用评价 / 095

第一节 土地适宜性评价的内涵 / 096

第二节 土地适宜性评价的原则 / 096

第三节 土地适宜性评价的思路 / 098

第四节 土地可持续利用评价的内涵 / 106

第五节 基于水资源条件下的土地可持续利用评价体系 / 107

第六节 小结 / 113

第七章 适水发展的土地可持续利用规划 / 114

第一节 土地利用规划的概念及内涵 / 114

第二节 适水发展的土地可持续利用规划评价 / 125

第三节 适水发展的土地可持续利用规划理论及其模型 / 129

第四节 小结 / 144

第八章 干旱地区适水发展的土地可持续利用规划决策 / 146

第一节 我国水土资源利用规划决策中存在的问题 / 146

第二节 水土资源可持续利用规划决策方法 / 149

第三节 规划方案的决策过程 / 151

第四节 小结 / 159

第九章　干旱地区适水发展的土地可持续利用规划布局 / 161

第一节　农村居民点用地规划 / 162

第二节　农业生产用地规划 / 166

第三节　工业用地规划 / 182

第四节　小结 / 186

第十章　宁夏中部干旱带适水发展的土地可持续利用规划 / 187

第一节　宁夏中部干旱带土地利用现状分析 / 188

第二节　宁夏中部干旱带土地可持续开发利用评价及分析 / 196

第三节　宁夏中部干旱带适水发展的土地可持续利用规划 / 204

第四节　宁夏中部干旱带适水发展的土地可持续利用规划方案优化 / 206

第五节　宁夏中部干旱带适水发展的土地可持续利用规划方案评价 / 216

第六节　小结 / 218

后　记 / 219

第一章 绪 论

第一节 研究背景

一、宏观背景

随着全球人口的迅速增加和人均收入水平的提高，全球淡水资源紧缺的局面正逐渐显现。如果不采取节水措施，2050年全球淡水需求量将增长2倍，给淡水供应带来极大压力。

估计到2025年，全世界将有近1/3的人口（23亿）缺水，波及的国家和地区达40多个，中国是其中之一。中国被联合国认定为世界上13个最贫淡水国家之一。我国淡水资源总量位居世界第6位，但人均占有量仅为世界平均值的1/4，位居世界第109位，而且水资源在时间和地区分布上很不均衡，有10个省、自治区、直辖市的水资源已经低于起码的生存线，这些地区的人均水资源占有量不足500 m³。目前我国有300个城市缺水，其中110个城市严重缺水，主要分布在华北、东北、西北和沿海地区，水已经成为这些地区经济发展的瓶颈。2010年后，我国进入严重缺水期，有专家估计，2030年前中国的缺水量将达到600亿 m³。因此，为保证我国经济的可持续发展，解决淡水资源问题已迫在眉睫。

我国水资源分布状况与国民经济的布局和发展严重错位，我国干旱地区的水资源形势更严峻。而北方作为我国粮食主产区，很多地区都属于水资源匮乏的干旱地区，因此，在干旱地区推广农业节水对保障国家用水安全、粮食安全、生态安全和社会安全，推动工业、农业和农村经济可持续发展，具有重要的战略意义。

目前，世界各国都把发展高效节水农业作为现代农业和经济可持续发展的重要措施，我国也取得了很多重大进展。但是我国节水农业没有起到应起的作用，水资源供需形势持续恶化，节水技术采用率低，节水贡献小。主要原因在于：第一，农业种植结构中高耗水作物比例过大，节水技术治标不治本，导致水资源供需形势持续恶化；第二，节水农业研究主要集中在作物和农田层次，忽视制度节水，农田水分利用率与水分生产效率低下；第三，忽视节水技术的综合集成。目前，我国单项节水技术研究发展较快，水平也较高，但缺乏将这些技术和农业措施紧密结合的综合集成技术体系。另外，从整体上看，我国节水农业技术引进的多，自主开发的少，产业化程度低，整体配套性差，难以满足现实需求。而高效节水农业技术研究在解决上述问题时表现出极大的优势：首先，高效节水农业技术研究可从根本上改革我国传统的追求高产的农作制度，推广新型的高效节水技术，有利于强化对水资源的调控力度，为农业的发展提供新的机遇和领域；其次，高效节水农业技术研究可建立节水型种植结构，从根本上促进我国水资源供需形式向良性转化；再次，高效节水农业技术研究有利于发挥系统效应，应兼顾技术区域特点和标准化，促进现代节水农业技术体系的建立和水平的提高；最后，高效节水农业技术研究有利于我国节水新兴产业发展与农民增收，是我国农业和农村经济发展的战略需求。

总之，高效节水农业技术研究能在区域试验成果的指导下，提供适合不同地区特点的节水作物种植结构、综合节水技术体系和应用模式，并对不同区域的种植制度用水和节水效果进行监测与评估，具有较强的针对性与适应性，能较好地满足我国社会发展过程中对粮食安全与经济增长的双重需求。

二、微观背景

宁夏是我国五个少数民族自治区之一，气候干旱，自然条件差，生态脆弱。但宁夏也是我国宜农荒地较多的省区之一，现有耕地110.6万 hm^2（1 659万亩，1亩约666.7 m^2，余同），耕地后备资源80万 hm^2（1 200万亩），其中200 hm^2（3 000亩）以上集中连片的耕地后备资源26.7万 hm^2（400.5万亩）。全区按自然条件分为北部黄河平原自流灌溉区、中部丘陵台地干旱带扬黄节灌区和南部黄土丘陵雨养区3个农业区。

制约宁夏社会经济发展的因素较多，首要的是自然地理环境因素。宁夏位于黄土高原与腾格里沙漠、毛乌素沙漠之间，又处于干旱区和半干旱区、荒漠与草原的过渡地带，是我国北方的环境脆弱带，多灾易灾、植被稀疏、水蚀风蚀活跃、自然环境恶劣，土地的人口承载能力偏低。

宁夏中部干旱带生态条件十分脆弱，土地荒漠化面积1.18万 km²。中部扬黄灌区是宁夏除引黄灌区外最大的粮食生产区，是宁夏中部干旱带上的一片绿洲。多年来，在党中央、国务院的亲切关怀和大力支持下，区域内相继建成固海、固海扩灌、红寺堡、盐环定等扬黄工程，开发扬黄灌溉面积150万亩。但由于田间工程配套水平低，有效的水资源不能充分利用，大片宜农荒地未能开发，大部分旱地得不到补灌，致使耕地质量不高，亩均产量仅100 kg。

因此，水资源短缺是宁夏中部干旱带社会经济发展的瓶颈，研究农业灌溉高效节水技术集成模式，改良中低产田，挖掘节水潜力，合理规划土地利用结构，为宁夏中部干旱带的各项建设提供技术参考，是宁夏中部干旱带亟待解决的重点问题。

随着人类以发展社会经济为目标，在水资源开发利用过程中，不可避免地对生态环境造成一定的影响，如果生态环境遭到破坏，势必反过来制约社会经济的发展，因此，需要基于生态的良性循环来研究水资源的承载能力，根据地区社会经济发展的要求，研究区域内生态需水量，在保证生态需水量的同时发展经济。应从资源的可能性出发，分析区域内水资源对生态环境以及社会发展规模的承载能力，研究水资源持续维持良好生态环境的能力，以确保区域内生态平衡及社会经济可持续发展。水资源的开发利用模式对水资源的科学利用、优化配置也起着至关重要的作用，因此需要利用先进的研究方法和技术手段，对区域内水资源建立合理的数学模型，进而确定出水资源科学的开发模式，为水资源可持续开发利用提供理论基础和技术手段。本研究基于以上几点思考，以宁夏中部干旱带为例，分析宁夏中部干旱带水资源系统特征，计算出区域内生态需水量，并以可持续发展为指导原则，预测水资源对生态环境以及社会经济发展的承载能力，并根据各灌区不同的水资源特点，提出水资源合理开发利用模式，以确保宁夏中部干旱带的生态平衡及社会经济的可持续发展。

本研究拟对宁夏中部干旱带水土资源进行科学评价，深入研究宁夏中部干旱带工业、农业生产及居民生活用水等的节水技术集成模式，提出适合干旱地区水资源条件的相应土地利用规划、建设和管理模式，指导干旱地区土地整治项目实施阶段的规划设计、项目管理，为宁夏中部干旱带土地可持续利用规划实施提供指导；对传统的节水农业技术进行分析，探讨区域适宜的节水型种植结构，并有针对性地对节水型种植模式与节水技术进行总结、筛选、集成和优化，研究建立符合当地状况的高效节水和产业布局模式。具体说来，即根据该地区主栽作物耗水量的大小、作物耗水量与降水量的耦合程度，结合该地区的水资源状况和种植结构，探讨建立节水型种植结构；从不同作物种植模式对水分的利用以及产量与经济效益等方面着手分析各地区的节水型种植模式，从中选择用水少、产量高的种植模式；对该地区节水技术资料分类别进行节水效果、经济效益与农民技术选择的参与式分析，优化农业种植结构和高效节水模式，充分提高该地区农业水资源利用率，将该地区农业及生活用水节约水量逐步转化为工业及其他经济模式用水，在保障粮食安全的前提下，促进该地区社会经济的全面发展。

长期以来，宁夏中部干旱带由于水土资源开发利用缺乏相应的科学指导，工业等其他经济形态在该地区无法发展，致使社会经济发展受到严重制约，本研究将对干旱与半干旱地区社会经济的发展起到一定的参考作用。

第二节　研究意义

1. 水资源短缺是宁夏中部干旱带社会经济发展的瓶颈

宁夏中部干旱带是我国最干旱缺水的地区之一，是降水少、地表水少、可利用的地下水少的"三少"地区，蒸发量大，加剧了水资源的短缺，在很大程度上制约了当地社会经济的发展。

2. 水利工程基础设施相对落后，加剧了水资源的短缺，是宁夏中部干旱带

急需解决的问题

宁夏中部干旱带很多骨干水利工程年久失修，老化严重，运行状况日趋恶化，加之与其配套的设施不完善，水资源管理和控制手段严重滞后，无法发挥水利工程的正常效益。这就要求在土地开发利用过程中加大力度解决水利工程中存在的这些问题。

3. 缺乏相应的田间水利配套设施，水资源浪费严重，向宁夏中部干旱带高效节水技术提出了更高的要求

宁夏中部干旱带在水资源匮乏的状况下，大多依然使用传统的灌溉模式，土地的集约化利用、管理缺乏相应的配套措施，无法保障节水灌溉方式的实施，造成水资源严重浪费，水资源利用率不高。因此，必须对中部干旱带土地资源进行综合整治，采用先进的节水灌溉技术，充分保证水土资源的效益最大化。

4. 采用高效节水技术是新增耕地灌溉用水的需要

宁夏中部干旱带人口多，土地资源丰富，是宁夏最大的粮食生产基地之一，长期以来，由于水资源匮乏，水利工程等基础条件落后，中低产田数量巨大，粮食平均产量很低。根据宁夏土地整治重大项目总体规划的要求，中部干旱带新增耕地60多万亩，这就要求在大力完善水利工程设施建设与管理的同时，全面推进高效节水灌溉技术的应用，充分挖掘节水潜力，促进该地区社会经济全面发展。

本研究在调查宁夏中部干旱带耕地及灌溉现状的基础上，就老灌区改造和新灌区建设中的土地平整工程、水利配套工程、田间道路工程和农田防护林网工程布局与新农村建设、特色产业、节水灌溉进行有效的结合展开研究，在科学评价水资源的基础上，通过调整农业产业结构、采用高效节水灌溉技术等手段，提出中部灌区适宜的土地治理与节水模式，编制宁夏中部干旱带适水发展的土地利用规划，为更好地开展宁夏中部干旱带土地综合整治工作、加强土地综合整治的规划管理提供重要理论依据。

因此，本研究通过多种提高水资源承载力的规划方案的比较，提出基于水资源承载力的土地利用规划最优方案，为改善干旱地区水资源条件、提高水资源承载力提供科学依据。本研究具有显著的科学价值和良好的经济、社会、环

境效益，具有重要的现实意义。

第三节　研究综述

一、土地整理研究进展及现状

国外最早的土地整理可追溯到13世纪在德国开展的河流改造及地块合并等，从此以后，许多国家特别是发达国家，如法国、日本、俄罗斯等，都曾根据各自国家社会经济的发展状况，不断调整和完善土地整理的目标和内涵。土地整理的发展大体有三个阶段：（1）从萌芽到19世纪末，土地整治的重点是围绕因世袭继承和土地私有的不断分割导致的农用地零星分布，进行地块合并、权属调整，改善农业生产条件；（2）从20世纪初到50年代，随着工业化的推进，土地整理的重点是解决城市规划中的发展用地，为城市基础设施建设提供用地保障，并消除因工程建设给城市土地利用带来的不利影响；（3）20世纪60年代以后，随着生态环境保护和经济发展的全球化，各国土地整理的重点逐步转向促进区域经济发展，把保护和改善自然景观、生态环境及土地可持续发展作为重点。

在国外，真正意义上的土地整理项目于19世纪末发起于德国。后来许多国家或地区，如法国、瑞典、芬兰、日本、韩国、澳大利亚、土耳其等，相继采用和发展了各自的土地整理技术。土地整理在不同的国家或地区有不同的名称：德国、土耳其、日本和韩国为土地整理（land readjustment）；印尼和中国台湾为土地整合（land consolidation）；澳大利亚和尼泊尔为土地联营（land pooling）；加拿大为土地重置（land reprovision）。

国外一个多世纪的实践证明了土地整理在土地规划中的积极作用。国外土地整理实践的特点主要表现在：（1）有较完备的法律法规政策；（2）注重土地的权属调整；（3）重视生态环境的保护和建设；（4）公众的积极参与和广泛支持；（5）重视融资研究；（6）重视信息技术的应用[1]。

---

① 贾文涛，张中帆.德国土地整理借鉴[J].资源·产业，2005，7（2）：77-79.

我国土地整理的历史更加悠久，殷周时期的井田制、秦汉时期的屯田制、西晋的占田制、北魏至隋唐时期的均田制，是早期实践的雏形。但真正意义上的土地整理是在新中国成立之后。从发展阶段来看，20世纪50年代实施土地改革，实行人民公社制度，土地收归国有，土地整理以权属关系变更为重点；20世纪70年代全国掀起农业学大寨，土地整理以合并地块、平整土地、整理沟渠和道路为主，重点是进行农田基本建设及改造；20世纪80年代推行农村家庭联产承包责任制，土地整理以改变土地利用结构和利用方式为主；进入20世纪90年代，特别是1998年8月修订的《中华人民共和国土地管理法》，正式把土地整理工作纳入法律条款，并作为耕地保护的主要措施予以确定，我国开始了以增加有效耕地面积、提高耕地质量、提高土地利用率和产出率、改善生产生活条件和生态环境为主的现代意义的土地整理工程。

目前全国土地整理已基本走上了有章可循的制度化道路，并初步形成了比较完整的全国土地整理执行体系。2001年我国土地整理复垦开发补充耕地达到20.26万 hm^2。2002年国土资源部土地整理中心提供的数据显示，我国土地整理潜力巨大，尤其是广大干旱与半干旱地区，通过对农村及城镇土地、灾毁土地、工矿区废弃土地等进行科学的土地整理，可以新增耕地670万 hm^2以上。从我国现阶段的情况而言，土地整理一般为农业土地整理，而整理的主要目的是增加农用地中有效耕地面积、改良和提高耕地质量、改善农业生产条件和生态环境。

二、国内外土地可持续利用规划研究进展及现状

国内外土地可持续利用规划研究是在联合国《21世纪议程》发表以后开展起来的。《21世纪议程》第十章专门论述了土地资源的综合规划和管理，提出土地资源综合规划和管理的总体目标是把土地分配给那些可提供最大可持续效益的用途，促进土地资源综合管理向可持续利用方向转移，同时，还要考虑环境、社会和经济等问题，目的是为土地可持续利用规划的协调决策工作提供一个理性的框架。可持续发展理论是土地可持续利用规划的理论基础，由于可持续发展概念本身带有很强的不确定性和广泛性，加之可持续发展衡量和评价困难以

及实施中存在诸多障碍，从土地可持续利用规划建立的理论和方法体系来看，目前的研究还仅仅处于起步阶段，内容上主要研究如何将可持续发展的原则应用到土地可持续利用规划概念内涵的界定、土地可持续利用规划基本内容的探讨以及可持续发展原则在土地利用规划中的实践等少数几个方面，真正具有规范性、可操作性的土地可持续利用规划的理论和方法体系有待在实践中不断地总结、提高和完善。

土地可持续利用规划的内涵目前有两种理解：（1）联合国粮食及农业组织认为土地资源综合利用规划是通过规划编制者、土地权力人和决策者之间的协商和交流，对未来土地利用进行选择和优化。其对土地可持续利用规划的理解侧重于规划的协调性和社会的可接受性。（2）H N van Lier 等认为土地可持续利用规划是为了正确选择各种土地利用区位、改善农村土地利用的空间条件以及长久保护自然资源而制定的土地利用政策及实施这些政策的操作指南。其侧重于农用地的可持续利用规划。

目前，土地可持续利用规划的基本内容可概括为以下三种：（1）H N van Lier 等认为土地可持续利用规划包括三方面的内容，即制定土地利用的政策、对不同利用类型和区位的土地进行规划（主要是对土地资源进行优化和保护，以实现环境的可持续性）、改善土地空间条件（主要是满足当代人的需要，以实现社会和经济的可持续性）。（2）联合国开发计划署等认为土地可持续利用规划的重要内容是保证环境不退化，土地开发不能超出本身的环境容量，并要保障当代和后代的需要。（3）英国的《可持续环境的规划对策》（*Planning for a sustainable environment*）将可持续发展的概念和原则引入城市规划实践的行动框架，称为环境规划，就是将自然资源、能源、污染和废弃物等环境要素管理纳入各个层面的空间发展规划[①]。

目前，土地可持续利用规划编制的方法和原则可概括为以下四种：（1）联合国粮食及农业组织提出的土地综合规划方法，其提出了土地综合规划的三个基

---

① Blowers A. Planning for a sustainable environment: A report by the Town and Country Planning Association [M].London: Earthscan, 1993.

本原则，即土地生产潜力的保持、土地获得公平性提高、基于谈判的决策系统，核心是进行交互式土地利用规划。（2）联合国波恩第九次 ISCO 会议提出的土地可持续利用规划方法[①]，即促进规划过程中的对话、加强面向行动的研究、深化人们和机构之间的合作。（3）联合国可持续发展委员会（UNCSD）2000年召开第8次会议，就土地资源的综合规划和管理形成决议，强调各国采取统一的规划和管理方法（如生态方法），以实现可持续发展，并确定了土地资源综合规划和管理的优先领域[②]。（4）John Robinson 于1985年发表文章《规划中的悖论》，认为规划得不到很好实施的主要原因是规划中采用了一种理论上认为正确而实践中又恰恰行不通的思维逻辑，他认为制定规划要注重逆向思维法[③]。

在土地可持续利用规划的方法中，国外对规划的公众参与及社会可接受性非常重视，如 Christian Pieri 认为要实现土地可持续利用规划和管理，传统的自上而下的规划方法，社会可接受性较差，必须研究土地使用者的实际需要，并对土地使用者的层次进行分类和评估。美国可持续规划的范例——西雅图可持续规划，就是将公众认可的共同价值观作为规划的根本目标，该规划由于公众的广泛参与而取得成功。国外近几十年的实践表明，没有公众的参与、认可和接受，制定的规划是不可能持续的，也不可能获得成功。为使规划具有更广泛的公众基础和较高的可接受性，国外很多学者对普通公众、农场主和农民、规划制定者、规划管理者等规划制定、实施、监督过程中的各种角色及其关系进行了深入研究。如 Fredrick N Muchena 和 Julie van der Bliek 对平衡土地使用者的需要和可能性进行了探讨。目前西方的"交易规划"和"代言规划"就是针对规划可接受性的最典型的代表。"交易规划"认为人的行为、价值观可以通过合作、交流而调整，最终达成和谐。因此，规划在制定和执行过程中，是以互学、互利为目标的，就像商人之间的谈判。这种规划虽有一定的缺陷，但也有优越的一面，它有助于参与各方协作，且便于执行。

---

① Helmut Eger, Eckehard Fleischhauer, Axel Hebel, et al. 波恩第九次ISCO会议主题：行动起来实现土地的可持续利用.[J].人类环境杂志（AMBIO中文版），1996，25（8）：480-483.

② 刘树臣.土地利用综合规划与管理[J].国土资源科技进展，2000（5）：36-40.

③ 高波.发展经济学[M].第二版.南京：南京大学出版社，2017：14.

我国将土地利用规划和可持续发展思想融合在一起，并正式提出土地可持续利用规划的概念和方法等则是近二十年的事。中、俄、美三国于1996年完成了乌苏里江流域土地可持续利用规划项目，其核心是土地利用政策和土地利用布局，基本内容是划分土地利用类型和确定利用限制条件，是土地利用政策的具体化。程建权等[①]认为：土地利用规划与可持续发展之间的关系可用"熵"来定性描述和解释，以提高可持续发展系统有序度或者负熵为目标的土地利用规划为土地可持续利用规划；土地可持续利用规划应寻找一种最优的协调方法，以达到社会效益、经济效益和环境效益的综合平衡。其中协调不仅指系统内部，还包括系统本身与外部环境在时间上和空间上的协调。谢俊奇对区域土地可持续利用规划管理的内容和基本程序进行了探讨[②]；林坚、周琳、张叶笑等对土地可持续利用规划的原则和战略进行了探讨[③]。总而言之，目前我国土地可持续利用规划的研究基本上还处于探索阶段，相关的研究也不是很多，对土地可持续利用规划的概念、内容、方法及体系等进行系统研究的就更少了，与国外对土地可持续利用规划的研究还有很大差距。

三、水资源承载力研究进展及现状

水资源承载力是承载力这一力学概念在水资源领域的应用，目前，许多学者根据自己的理解赋予水资源承载力不同的定义，水资源承载力也广泛应用于研究缺水地区的工业、农业、城市及整个地区经济发展的水资源供需平衡。结合目前的研究现状，水资源承载力可以理解为：某个地区在具体历史发展条件下，以可以预见的科学技术水平，可以预测的自然生态、社会、经济发展水平为依据，在可持续发展目标的前提下，以维护自然生态环境良性循环为基本条

① 程建权，兰运超，Jan Turkstra. 协同学在可持续土地利用规划中的应用[J].武汉测绘科技大学学报，1999（1）：56–59.

② 谢俊奇.可持续土地利用系统研究[J].中国土地科学，1999（4）：35–38.

③ 林坚，周琳，张叶笑，等.土地利用规划学30年发展综述[J].中国土地科学，2017，31（9）：24–33.

件，经过优化配置，水资源对该地区自然生态、社会、经济发展的支撑能力。

国外对水资源承载力的研究起步较早，美国陆军工兵团（US Army Crops of Engineers）和佛罗里达州社会事务局（Florida Department of Community Affairs）于1998年共同委托 URS 公司对佛罗里达 Keys 流域的水资源承载力进行了研究。Joardar 等从供水的角度对城市水资源承载力进行了深入的研究，并建议在城市发展规划中考虑其影响因素[①]。Falkenmark 等学者用较简单的数学计算方法对全球水资源开发利用程度进行了研究，为水资源承载力研究奠定了一定基础[②]。Harris 等将研究重点放在农业区域水资源对农业生产的承载能力，并将此作为区域发展潜力的一项衡量标准[③]。Rijsberman 等则建议将水资源承载力纳入城市水资源评价和管理体系中[④]。

我国对水资源承载力的研究发展较快，20世纪80年代末随着西部大开发战略的实施，我国西北地区社会经济的高速发展使得对水资源的需求猛增，同时占用大量生态用水，造成生态环境恶化。以施雅风为代表的中国科学院新疆水资源软科学课题研究组对水资源承载力的研究拉开了我国在水资源承载力方面研究的序幕[⑤]。施雅风等于1992年从"容量"的角度明确提出水资源承载力是指某一地区的水资源，在一定社会历史和科学技术发展阶段，在不破坏社会和生态系统时，最大可承载的农业、工业、城市规模和人口的能力，是一个随社会、

---

① Souro D Joardar. Carrying Capacities and Standards as Bases Towards Urban Infrastructure Planning in India：A Case of Urban Water Supply and Sanitation [J].Urban Infrastructure Planning in India，1998，22（3）：327-337.

② Falkenmark M，Lundqvist J. Towards water security： political determination and human adaptation crucial [J].Natural Resources Forum，1998，21（1）：37-51.

③ Harris Jonathan M，Scott Kennedy. Carrying capacity in agriculture： global and regional issues [J]. Ecological Economics，1999，29（3）：443-461.

④ Michiel A Rijsberman，Frans H M van de ven. Different approaches to assessment of design and management of sustainable urban water systems [J].Environmental Impact Assessment Review，2000，20（3）：333-345.

⑤ 新疆水资源软科学课题研究组.新疆水资源及其承载能力和开发战略对策[J].水利水电技术，1989（6）：2-9.

经济、科学技术发展而变化的综合目标[①]。此后我国许多学者都从不同的角度对水资源承载力给出了定义，李佩成提出了"四环理论"用于指导地下水资源评价，即在天然储量容许的范围内，综合考虑技术上的可能性、经济上的合理性和生态环境上的安全性，得出合理开采量[②]，并在内蒙古阿拉善盟腰坝绿洲地下水资源承载力及其可持续利用的研究中，分别采用模型计算法和分项平衡法计算出腰坝绿洲的水资源承载力。贾嵘等从"能力"的角度对水资源承载力给出定义：在一个地区或者流域范围内，在具体的发展阶段和发展模式下，当地水资源对该地区经济发展和维护良好的生态环境的最大支撑能力[③]。阮本清等从人口和社会经济发展规模出发，将水资源承载力定义为：在未来不同的时间尺度上，在一定生产条件下，在保证正常的社会文化准则的物质生活水平下，一定区域用直接或者间接的方法表现的资源所能持续供养的人口数量[④]。苏志勇等将水资源承载力定义为：某一水资源短缺的区域在具体的历史发展阶段下，考虑可预见的技术、文化、体制和个人价值选择的影响，在采用合适的管理技术条件下，水资源对生态经济系统良性发展的支撑能力[⑤]。综合分析这些定义，可以归纳为两种观点，一种观点是根据社会经济发展的现状确定的水资源开发规模，另一种观点是水资源所能支撑社会经济发展的最大能力。

我国学者不但在水资源承载力理论研究方面百花齐放，而且研究方法多种多样。不同领域的学者由于看待水资源的角度不同，对水资源承载力的定义和研究思路不同，导致他们的研究方法也各不相同。目前，水资源承载力的研究方法主要有：常规趋势法、主成分分析法、多目标决策分析法、模糊综合评价法和系统动力学法等。模糊综合评价法是在设置水资源承载力影响因子的基础

---

① 施雅风，曲耀光，等.乌鲁木齐河流域水资源承载力及其合理利用[M].北京：科学出版社，1992：210-220.

② 李佩成.论新时期地下水经营管理新使命[J].西安工程学院学报，2001（2）：1-5.

③ 贾嵘，薛惠峰，解建仓，等.区域水资源承载力研究[J].西安理工大学学报，1998（4）：382-387.

④ 阮本清，梁瑞驹，王浩，等.流域水资源管理[M].北京：科学出版社，2001：152-169.

⑤ 苏志勇，徐中民，张志强，等.黑河流域水资源承载力的生态经济研究[J].冰川冻土，2002，24（4）：400-405.

上，确定评价集和权重，通过综合评判矩阵对影响水资源承载力的因素做出判断，该方法克服了常规趋势法因子较多的缺陷，而是在运算过程中选取部分影响较大的因子，但由于因子的取舍难以准确判断，因而评价结果存在一定的片面性。吴凡等①、王慧杰等②利用模糊综合评价法分别对新疆和新安江流域水资源承载力做出评价。多目标决策分析法是在列出影响水资源系统的主要约束条件后，运用系统动力分析和动态分析两种手段，寻求多目标的整体最优，该方法的优点是可以将水资源承载系统与区域宏观经济系统作为一个综合体考虑，但是各影响因子的权重是通过主观判断得到的，因此客观性较差③。徐中民等④、朱照宇等⑤利用多目标决策分析法分别评价了黑河流域中游和珠江三角洲经济区的水资源承载力。常规趋势法是在综合考虑可利用水量、生态环境用水和国民经济各部门适当用水比例的同时，在考虑节水能力的情况下，计算水资源所能承载的工业、农业以及人口量等，此方法运算简便、内容直观，但是由于各因子之间关系复杂，得出的承载力合理性欠佳。韩琦等⑥、胡云鹏等⑦、贾建辉等⑧利用常规趋势法分别对西北干旱半干旱区、玛纳斯河和塔里木河流域、中山市水资源承载力做出评价，并提出相应开发对策。主成分分析法通过降维处理的方法把水资源承载力的多个影响变量化为少数几个指标，并确保综合指标

① 吴凡，陈伏龙，丁文学，等.基于模糊集对分析—五元减法集对势的新疆水资源承载力评价 [J].长江科学院院报，2021，38（9）：27-34.

② 王慧杰，毕粉粉，董战峰.基于AHP-模糊综合评价法的新安江流域生态补偿政策绩效评估 [J].生态学报，2020，40（20）：7493-7506.

③ 杜立新，唐伟，房浩，等.基于多目标模型分析法的秦皇岛市水资源承载力分析[J].地下水，2014，36（6）：80-83.

④ 徐中民，程国栋.运用多目标决策分析技术研究黑河流域中游水资源承载力[J].兰州大学学报（自然科学版），2000（2）：122-132.

⑤ 朱照宇，欧阳婷萍，邓清禄，等.珠江三角洲经济区水资源可持续利用初步评[J].资源科学，2002，24（1）：55-61.

⑥ 韩琦，姜纪沂，李瑛，等.西北干旱半干旱区水资源承载力研究现状与发展趋势[J].节水灌溉，2017（6）：59-62，67.

⑦ 胡云鹏，李阿龙.基于可变模糊集理论的生态脆弱地区水资源承载力时空变化研究[J].人民珠江，2019，40（4）：70-75.

⑧ 贾建辉，龙晓君.水资源承载力预测模型研究[J].水利水电技术，2018，49（10）：21-27.

能够反映原来较多的信息，该方法克服了模糊综合评价法的缺陷，但是不具有动态监测的效果。杨小华等利用主成分分析法研究了区域水资源承载力综合评价[1]。美国麻省理工学院的 Jay W Forrester 教授提出，利用系统动力学方法，通过建立 Dynamo 模型并借助计算机仿真，定量地研究非线性、高阶次、复杂时变系统，该方法参量不易掌握，得出的结论容易产生误差[2]。陈冰等[3]、惠泱河等[4] 利用系统动力学法分别对柴达木盆地和关中盆地水资源承载力进行了评价和预测。我国在水资源承载力方面的研究起步虽晚，但是一二十年来发展迅速，取得了大量研究成果，但由于水资源承载力具有有限性、动态性、不确定性以及可增强性，因此在理论基础和方法体系上还不够成熟，未来的发展方向主要有以下三个方面：（1）加强理论基础方面的研究，形成公认的水资源承载力概念、内涵，总结出有效的研究思路、方法体系；（2）与水环境污染、生态保持结合，侧重干旱与半干旱缺水地区，特别是我国西北地区；（3）引入新技术、新方法，并与以往的理论方法相结合[5]。

水资源承载力的研究，在基础理论、计算方法以及指标体系等方面均已取得了一些成果，但研究的重点还是侧重计算以及评价等方面，没有形成独立的成熟理论和方法，在未来研究中应注重水资源承载力基础理论及其与社会经济可持续发展的关系研究。水资源承载力研究包括人、水、地、生态、经济、社会等多方面的问题，需要利用多种方法和手段，从多角度来模拟和预测这个庞杂的系统，促进人口、水土资源、环境、经济和社会的协调与可持续发展。

---

① 杨小华，黄尚书，何绍浪.基于主成分分析的江西省水资源承载力评价[J].水利发展研究，2019，19（9）：38-41.

② 袁鹰，甘泓，王忠静，等.浅谈水资源承载能力研究进展与发展方向[J].中国水利水电科学研究院学报，2006，4（1）：62-67.

③ 陈冰，李丽娟，郭怀成，等.柴达木盆地水资源承载力方案系统分析[J].环境科学，2000（3）：16-21.

④ 惠泱河，蒋晓辉，黄强，等.二元模式下水资源承载力系统动态仿真模型研究[J].地理研究， 2001，20（2）：191-198.

⑤ 郭旋.水资源承载力研究进展[J].农机化研究，2008（1）：7-10.

四、水资源合理开发模式研究进展及现状

水资源是人类生存的基础，水资源的可持续开发利用是区域可持续发展的重要研究内容之一，而水资源开发模式则是其中一个核心内容。科学合理的水资源开发模式必须以水资源量为基础，按照水土资源的时空分布特征合理配置水资源，这是协调干旱地区社会经济发展和生态环境保护的基本途径。干旱地区水资源可持续利用是在保持自然生态环境的前提下，在水资源可承载的约束条件下科学合理地配置水资源，最终达到生态环境和社会经济的和谐发展。

确定科学合理的水资源开发模式对一个地区（尤其是干旱与半干旱地区）的水资源可持续利用至关重要，国内外许多学者在这个方面做了大量的研究工作。美国学者 Douglas P Dufresne 等运用 MODFLOW 论证了佛罗里达湖城地区水资源状况，同时预测了水资源开采对周边环境（如湿地、地表水和泉水）的影响，总结出适合当地的水资源开发模式为地表水与泉水联合利用[1]。德国布伦瑞克工业大学的 Schoeniger M 运用 FEFLOW 对德国北部地区一处由破碎的古生代岩石形成的排泄区的地下水流运动进行了模拟，其开发模式中不但包括对水量和水质的管理，还包括相关的风险分析。

我国许多学者针对具体地区或区域的水资源特征提出了适合当地水资源开发利用条件的优化模式。赵光有在分析了节水与养水的关系、比较了各种节水措施及灌水技术的利害得失之后，提出应推进研发具有中国特色的节水与养水相结合的灌区模式[2]。刘思源将水资源开发利用看成一个涉及经济、环境、社会效益等多个目标的连续过程，根据水资源开发利用历程中决策者偏好结构的演变规律，将多目标决策权衡率的基本含义扩展到与时间相关，揭示了不同水资

---

① Douglas P Dufresne , Charles W Drake. Regional groundwater flow model construction and wellfield site selection in a karst area, Lake City, Florida[J]. Engineering Geology, 1999（52）: 129–139.

② 赵光有.最严格水资源管理背景下灌区发展的困境及改进措施探讨[J].中国农业文摘·农业工程，2020（5）: 38–41.

源利用模式下经济效益目标和环境效益目标之间的权衡率随时间变化的动态演变特性①。王润兰等对陕北黄土沟壑区多泥沙河水与地下水联合调配利用进行了分析，提出了兼顾上下游、最大限度满足工农业和生活用水的水资源开发利用模式②。王文科等在对关中地区水资源分布特点和水资源开发利用存在问题进行分析的基础上，从社会、经济、环境协调发展角度，根据当地水资源条件、开发利用潜力和环境状况，全面系统地提出了关中地区水资源合理开发利用的四种模式，分析研究了各种亚模式水资源赋存规律、利用现状、开发潜力和合理利用方向，从而为水资源宏观开发利用指明了方向，也为关中地区水资源配置、规划与管理提供了科学依据③。齐学斌等根据水资源平衡的原理，对井渠结合灌区的地表水和地下水进行联合优化调度，并采取地膜覆盖集雨种植节水技术和引洪补源技术，实现灌区水资源的高效可持续利用④。孙才志以松嫩盆地为例，根据研究区内的水文、水文地质条件，应用模糊集理论与方法确定出松嫩盆地各县市的水资源开发模式，并对各种开发模式做了简要论述⑤。

　　干旱地区水资源对自然生态环境和社会经济发展起着关键的制约作用，根据干旱地区水资源特征制定科学合理的开发模式对这些地区缓解水资源紧张局面、提高水资源利用率发挥着重要作用。邓铭江等通过分析国内外地下水库的建设经验，结合干旱地区内陆河流域的地貌单元、储水构造特征以及水资源转化的特点，提出了建设山间凹陷、山前凹陷和河谷型三种地下水库的具体设想及相应的适宜地段，并在此基础上提出了以地下水库调蓄为主、地下水与地表水统一调度的流域水资源利用的新模式，以实现水资源的开发利用更加合理、

① 刘思源.陕北农牧交错带沙地农业利用规模的水资源调控研究[D].西安：西安理工大学，2021.

② 王润兰，康卫东，杨小荟.焉耆盆地平原区水资源及其开发模式[J].西安工程学院学报，2001（2）：12-14.

③ 王文科，王钊，孔金玲，等.关中地区水资源分布特点与合理开发利用模式[J].自然资源学报，2001，16（6）：499-504.

④ 齐学斌，樊向阳，王景雷，等.井渠结合灌区水资源高效利用调控模式[J].水利学报，2004（10）：119-124.

⑤ 孙才志.区域水资源开发模式研究[J].吉林大学学报（地球科学版），2002（1）：46-50.

科学、经济[①]。王浩等针对生态环境脆弱的干旱与半干旱地区水资源利用的特点，基于水资源的二元演化理论与方法，在保持水土平衡、水量平衡和水盐平衡的基础上，以空间配置、时间配置、用水配置、水源配置、管理配置为基本模式；从实际情况出发，以水定发展目标，提高水土资源匹配效率，以流域为单元合理安排生态环境用水和社会经济发展用水，并以此建立干旱地区水资源合理配置模型[②]。干旱与半干旱地区水资源有着与其他地区不同的特征，因此在干旱地区水资源开发利用过程中必须根据具体的特征制定科学合理的开发模式，以实现干旱与半干旱地区水资源的可持续利用。

五、基于水资源承载力的土地规划利用综述

目前，水资源承载力影响下的土地利用规划方面的研究很少，仅在城市规划范畴进行过相关研究。城市规划工作中，城市的适宜规模一直是城市规划工作者、城市经济学家、城市地理学家、城市社会学家、社会心理学家以及环境生态学家关注的问题。由于城市化进展的阶段不同以及人们研究问题的角度和方法不同，最终得出的结论也不同。古希腊哲学家认为，一个城市最佳人口规模不应超过广场中心的容量；20世纪60年代，苏联建筑学家巴朗诺夫提出，研究城市规模需考虑生产性质、自然条件、规划布局、服务设施、建筑方法等多方面的因素，并认为在当时的技术水平下，城市的合理规模应为15万～20万人[③]。对于水资源承载力的理论研究，国际上单项研究成果较少，大多将其纳入可持续发展理论中，将水资源和其他因素诸如土地等作为可持续发展的一项重要因素来研究，尚未以水资源承载力为核心对地区土地利用规划进行系统研究。例如 Rijsberman J 等在研究城市水资源评价和管理体系时将水资源承载力作为城

① 邓铭江，裴建生，王智，等.干旱区内陆河流域地下水调蓄系统与水资源开发利用模式[J].干旱区地理，2007，30（5）：621-628.

② 王浩，秦大庸，郭孟卓，等.干旱区水资源合理配置模式与计算方法[J].水科学进展，2004，15（6）：689-694.

③ 张斯.建筑包容性策划研究[D].哈尔滨：哈尔滨工业大学，2021.

市水资源安全保障的衡量标准；Joardar 等从供水的角度对城市水资源承载力进行了相关研究，并将其纳入城市发展规划当中。

六、土地评价研究综述

1. 土地评价体系研究现状

土地评价是土地利用规划的主要依据，是土地合理化利用的重要前提。20世纪60年代以来，土地评价多以土地分类和土地潜力分类为主[1]。随着人口增长、土地质量退化和生态环境恶化问题日益加剧，以土地利用现状特征分析为主的传统的土地评价（土地适宜性评价和土地潜力评价）远远满足不了土地可持续利用和自然生态保护等现代土地利用规划的需求。土地可持续利用问题已成为该领域研究的焦点。衡量土地可持续利用的指标体系被拟定为近期理论研究的重点，而旨在更好地掌握土地质量变化的土地质量指标体系研究则成为几大国际组织（世界银行、联合国环境规划署、联合国粮食及农业组织、联合国开发计划署）确定的优先研究项目[2]。

20世纪90年代以来，国际上一些土壤学专家和土地评价专家将可持续概念引入土地开发利用之后，国际上召开了多次有关土地可持续利用方面的会议，许多学者从自然生态学、经济学、社会学等各个方面探讨了土地评价的指标和方法。在发展中国家可持续土地利用评价国际研讨会（泰国）和21世纪可持续土地利用管理国际研讨会（加拿大）等基础上，联合国粮食及农业组织于1993年颁布了《可持续土地利用评价纲要》等指导性文件[3]。评价纲要中指出了土地评价的原则、程序和五项评价标准，即土地生产性、土地的安全性或稳定性、水土资源保护性、经济可行性和社会可接受性，并初步建立了自然生态、经济

---

[1] 尤南山，蒙吉军，李枫，等.1980—2017年中国土地资源学发展研究[J].中国土地科学，2017，31（11）：4-15，2.

[2] 冷疏影，李秀彬.土地质量指标体系国际研究的新进展[J].地理学报，1999，54（2）：177-185.

[3] FAO. FESLM: An international framework for evaluating sustainable land management[R]. World Soil Resources Report，1993.

和社会等方面的评价指标[①]。在不同的国家和地区，由于自然和社会经济条件各不相同，因此，各国均以评价纲要为指导，探讨适合本国国情的土地评价理论和方法。其后联合国粮食及农业组织、联合国开发计划署、联合国环境规划署和世界银行于1995年召开会议研究建立土地质量评价指标体系项目的全球联盟基础。

中国在1992年联合国环境与发展会议之后也制定了中国的可持续发展战略——《中国21世纪议程》，并展开了相关研究。许多学者在理论的基础上从自然资源、社会经济、生态三个方面提出了各种土地可持续发展的指标体系[②]。陈百明等提出土地可持续利用指标与评价的研究必须从三个方面展开：(1)土地利用分区及区域土地可持续利用指标体系的确定；(2)主要土地利用系统指标体系及阈值的确定；(3)典型区域土地可持续利用指标体系的确定。只有将这三方面的内容结合起来研究，才能保证指标体系的科学性、系统性和实用性[③]。Anthony Gar-on Yeh 等以广东省东莞市为样区，利用 GIS 研究了经济快速发展地区的土地可持续发展[④]。随着研究的深入，农业可持续评价研究也逐渐展开。贾琨等[⑤]、吴怀静等[⑥]、胡嫚莉[⑦]等研究了区域土地可持续发展的指标体系和评价方法。但我国在土地资源可持续利用及其指标体系的研究方面与国外还存在着较大差距，在评价方法上，没有充分反映出土地可持续利用的动态特征。因此

① 陈百明，张凤荣. 中国土地可持续利用指标体系的理论与方法[J]. 自然资源学报，2001，16（3）：197-203.

② 唐秀美，蔡玉梅，刘玉，等.可持续发展视角下自然资源综合利用效益评估方法与实证[J].自然资源学报，2022，37（9）：2418-2428.

③ 陈百明，张凤荣. 中国土地可持续利用指标体系的理论与方法[J]. 自然资源学报，2001，16（3）：197-203.

④ Anthony Gar-on Yeh，Xia Li. Sustainable land development model for rapid growth areas using GIS[J]. International Journal of Geographical Information Science，1998，12（2）：169-189.

⑤ 贾琨，盛萬钰，刘畅文，等.面向SDGs的黄河中下游土地可持续发展水平测度及障碍诊断[J].中国农业大学学报，2022，27（9）：237-247.

⑥ 吴怀静，杨山.基于可持续发展的土地整理评价指标体系研究[J].地理与地理信息科学，2004（6）：61-64.

⑦ 胡嫚莉.面向SDGs的徐州市土地可持续利用评价[J].自然资源信息化，2022（4）：39-45.

在建立土地资源可持续利用指标及评价体系时，应与国际上的主要评价指标体系进行比较，特别是某些指标阈值上的异同。

2. 评价体系存在的问题

到目前为止，国际上有关的指标体系可分为单一指标体系、综合核算指标体系、菜单式多指标体系、菜单式少指标体系、"压力—状态—响应"（P-S-R）指标体系[①]。但总的来说，这些指标体系的研究主要存在四个方面的问题：（1）理论与实践脱节，有些指标看似合理，但由于数据不易获得，实际操作起来难度较大；（2）有些指标的选择存在概念上的模糊和交叉现象；（3）指标数据太多，不便于操作；（4）忽略了空间因素的影响。同时，土地评价指标体系中权重系数或贡献率的确定也是在技术上有一定难度的问题。目前国内研究常采用的方法有层次分析法、特尔菲法等，这些方法都存在一定的主观性。

综上所述，我国土地整理工作正在紧张有序地进行，但在整理过程中普遍缺乏对自然环境条件的科学评价，造成很多地区"只重数量，不重质量"，虽然进行了大面积的土地开发整理，但资源匮乏，不仅不能保证新增耕地生产需要的资源条件，而且致使大面积现有耕地的生产力条件无法保障，最终土地整理后的总收益并未增加，或者增加很少。本研究正是基于干旱地区土地整理后普遍存在的水资源短缺矛盾，在对宁夏中部干旱带水资源进行科学评价的基础上，充分考虑当前的技术条件，研究适合该地区社会经济发展的高效节水技术集成模式，对宁夏中部干旱带水资源承载力进行系统分析，根据当地水资源承载力，优化土地种植结构，以高效节水为原则，对工业项目进行合理规划布局，大力节约水资源，并给予最优的水资源补给方案，为宁夏中部干旱带社会经济的可持续发展提供重要的理论保障。

① 王伟中.地方可持续发展导论[M].北京：商务印书馆，1999.

第四节 研究内容及方法

一、研究内容

1.宁夏中部干旱带水资源评价

在对宁夏中部干旱带大气降水、地表水、地下水进行深入调查的基础上，研究该地区降水、蒸发和径流等水平衡要素的关系，分析水资源数量及其时空分布特点。

2.宁夏中部干旱带工农业生产、居民生活、生态节水技术研究

通过对现有节水技术的研究，针对宁夏中部干旱带的特点，研究适合该地域特点的工农业生产、居民生活、生态节水技术集成模式。

3.宁夏中部干旱带节水潜力分析与评价

根据工农业生产、居民生活、生态节水技术集成模式分别分析、计算宁夏中部干旱带工业、农业、居民生活、生态等的节水潜力。

4.水资源承载力下的土地利用规划研究

依据工农业生产、居民生活、生态节水技术集成模式的特点，分析适合水资源高效利用特点的土地集约化利用方式，研究各类土地规划布局的技术要点和理论体系。

5.适水发展的土地利用规划模型优化

在对宁夏中部干旱带水资源状况及节水潜力进行系统分析、研究的基础上，建构适合当地水资源条件的土地利用规划模型，并进行多方案比较，从而得到适水发展的土地利用规划最优方案。

6.宁夏中部干旱带适水发展的土地利用规划理论与方法研究

为干旱地区经济和土地利用规划的可持续发展提供重要的理论依据和技术保障。

二、研究方法

1. 水资源评价

在水资源（地表水、降水、地下水）现状调查的基础上，对宁夏中部干旱带水资源状况进行系统研究及评价，计算当地水资源总量以及可利用量。

2. 土地资源评价

首先，根据土地生产潜力高低划分土地区；其次，在土地区内根据土地适宜性划分土地类；再次，在土地类内根据适宜性程度划分土地等级。

3. 土地利用规划

在土地适宜性评价的基础上，确定土地的利用类型，编制土地利用总体规划，计算土地规划的分类面积。

4. 水土平衡分析

水资源总量供需平衡分析包括可供水资源总量分析、水资源需求总量分析和总量供需平衡分析，应充分研究当地自然条件下的高效节水技术，分析其节水潜力。

5. 土地利用规划模型优化

依据土地利用方式、集约化利用特点，针对水资源利用中存在的问题，对土地利用规划进行优化调整，以提高水资源利用效率，使之达到效益最大化。

6. 适水发展的土地可持续利用规划模型

根据可持续发展战略，依托干旱区水资源条件，编制既能保障当地社会经济发展，又不破坏地区生态环境的可持续发展规划。

三、技术路线及研究框架

在对宁夏中部干旱带水土资源评价的基础上，依据土地适宜性评价结果，对宁夏中部干旱带产业布局结构进行科学规划。本着水资源效益最大化原则，建构土地利用规划模型，提出干旱地区适水发展的土地可持续利用规划理论，技术路线如图1-1所示。

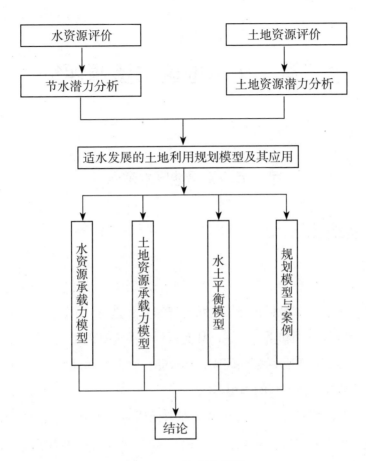

图1-1 技术路线图

第二章　干旱地区水资源评价

第一节　干旱地区水资源

一、水资源概述

水是人类赖以生存和发展的不可替代的自然资源，同时也是维系地球上生态平衡、决定环境质量最积极与最活跃的自然要素之一。水资源可以在各种领域中大面积地开发利用和重复使用，其他自然资源绝对无法与之相比，它作为自然环境的重要组成和最活跃的因素，不仅是生物肌体活动的动力，而且在自然景观的变化中起着决定性的作用。

水资源是基础性的自然资源，战略性的经济资源。随着经济社会的快速发展和城市化进程的不断加快，各类用水量不断增加，水资源的供需矛盾日益突出。合理开发和有效保护水资源，加强水资源的统一管理，促进水资源的优化配置、节约、保护和管理，是今后水资源工作的中心内容。2002年8月修订的《中华人民共和国水法》对水资源管理工作提出新的要求，水资源管理面临的任务更加艰巨。党的十六大报告明确提出"合理开发和节约使用各种自然资源。抓紧解决部分地区水资源短缺问题，兴建南水北调工程。实施海洋开发，搞好国土资源综合整治。树立全民环保意识，搞好生态保护和建设"，还提出"可持续发展能力不断增强，生态环境得到改善，资源利用效率显著提高，促进人与自然的和谐，推动整个社会走上生产发展、生活富裕、生态良好的文明发展道路"。

在国外，较早采用"水资源"这一概念的是美国地质调查局（USGS）。《不列颠百科全书》中给水资源下的定义为：地球（包括其所有圈层）上一切形态的水都是水资源。我国开发利用水资源具有悠久的历史，逐渐形成了比较完整且具有中国特色的水利科学体系。长期以来，水利界人士一直认为水利就是兴水利、除水害。在西方国家文字中，暂时还找不到与我国"水利"一词完全相对应的较贴切的译文。随着时间的推移，西方的"水资源"也越来越具有"水利"的意义。《中国大百科全书》是国内最具权威性的工具书，其在不同卷册中对水资源给予不同解释。如在大气科学、海洋科学、水文科学卷中，水资源被定义为"地球表层可供人类利用的水。包括水量（质量）、水域和水能资源，一般指每年可更新的水量资源"；在水利卷中，水资源则被定义为"自然界各种形态（气态、液态或固态）的天然水。供评价的水资源是指可供人类利用的水资源"。为了对水资源的内涵有全面深刻的认识，并尽可能达成统一，1991年《水科学进展》杂志社邀请一部分知名专家学者进行了一次笔谈[1]，他们的主要观点是:（1）降水是大陆上一切水分的来源，但它只是一种潜在的水资源，只有降水中可被利用的那一部分水量，才是真正的水资源（张家诚）。（2）从自然资源概念出发，水资源可定义为人类生产与生活资料的天然水源，广义的水资源应为一切可被人类利用的天然水，狭义的水资源是指被人们开发利用的那部分水（刘昌明）。（3）水资源指可供国民经济利用的淡水水源，它来源于大气降水，其数量为扣除降水期蒸发的总降水量（曲耀光）。（4）水资源一般指生活用水、工业用水和农业用水，此称为狭义的水资源；广义的水资源还包括航运用水、能源用水、渔业用水以及工业矿水资源与热水资源等。概言之，一切具有利用价值，包括各种不同来源或不同形式的水，均属于水资源范畴（陈梦熊）。（5）不能笼统地称"四水"为水资源，只有那些具有稳定径流量、可供利用的相应数量的水才能称为水资源（施德鸿）。（6）水资源是维持人类社会存在并发展的重要自然资源之一，它应当具有如下特性：①可以按照社会的需要提供或有可能提供的水量；②这个水量有可靠的来源，其来源可通过水循环不断得到更新或补充；③这个水量可以由人工加以控制；④这个水量及其水质能够适应用水要求（陈家琦）。水资源的定义存在诸多争议，而1988年由联合国教科文组织和世界气象组织给出的水资源定义比较有影响，其

---

① 本刊编辑部.笔谈：水资源的定义和内涵[J].水科学进展，1991，2（3）：206-215.

定义是：作为资源的水应当是可供利用或有可能被利用，具有足够数量和可用质量，并可适应某地水需求而长期供应的水源。

在目前的水资源评价及利用中，水资源指具有经济利用价值的，可以逐年循环利用的自然界的淡水。它以降水的方式循环利用，以地表水和地下水两种形式存在。

二、水资源的属性

1. 可再生性

水资源可再生，主要通过全球水文循环而实现。大气中的水分来自海洋蒸发，经过大气输送、冷凝，以降水落至地面，经汇流，从河流汇入海洋，如此周而复始，其动力是太阳能。水资源通过水循环得以再生，从而实现永续利用。同时，循环过程的无限性和补给水量的有限性，决定了水资源在一定数量限度内是取之不尽、用之不竭的。

2. 随机性和流动性

水资源的演变受水文随机性规律的影响，年、月之间的水量会发生变化，有丰水年、平水年和枯水年之分，还有连丰、连枯情况，这种变化是随机的。

水资源的流动性是指在重力作用下，水资源自高而低、自上而下流动，最终汇入海洋。

3. 不可替代性

水资源对维持生命系统具有不可替代的作用。若地球上没有水，人类也就会失去生存和发展的基础。另外，水是环境的重要因素，是维持一切生命活动不可替代的物质，不仅为人类生活所必需、为生物圈所必需，也是人类生产活动和维持人类赖以生存的环境所不可缺少的。

4. 其他属性

水资源是一种自然资源，能被人类开发利用，具有社会、经济特性，还具有其他特性，如稀缺性、供水的区域性和垄断性、开发的整体性和利用的综合性、利害的双重性等。

三、干旱地区水资源特点及存在问题

1988年，世界环境与发展委员会发出警告："水资源正在取代石油而成为全世界引起危机的主要问题。"1991年，国际水资源协会（IWRA）在摩洛哥召开了第七届世界水资源大会，会上明确指出："在干旱半干旱地区，国际河流和其他水源地的使用权可能成为两国战争的导火线。"

由此可见，水资源已成为制约干旱半干旱地区社会经济发展的主要因素。我国水资源南北分布极不均衡，西北干旱半干旱地区严重缺水。水是干旱地区生态环境中最积极、最活跃的因素，干旱地区许多生态环境问题都是由人类活动导致的水量和水盐平衡关系改变而引起的。因此，合理利用水资源是实现干旱地区生态环境和经济发展的基本对策。

水资源的开发利用根据开发的历史、现状和未来趋势，可以划分为三个阶段，即地表水开发利用阶段、地表水与地下水联合开发阶段、可用水资源经济利用阶段。西北干旱地区内部因经济发展不平衡，水资源开发利用阶段也不同。

（一）水资源的特点

总体来看，干旱地区水资源有以下特点。

1. 降水稀少，蒸发强烈

西北干旱地区地形主要表现为四周高山环抱，山地与盆地相间分布，戈壁沙漠面积大，呈封闭型地形。该地区深居内陆，具有典型大陆性气候特点，即光照充足、温差较大、干燥少雨，地区水资源具有总体水量不足、空间分布不均的特征。该地区多年平均降水量总体上呈现由山区向平原区、由大变小的规律。降水量在水平方向上分布不均，在垂直方向和地形高度上显示出明显的一致性，山区一般为200~700 mm，盆地和走廊一般为40~200 mm，塔里木盆地仅为25~70 mm。冰川和积雪是该地区水资源赋存和形成的一种独特形式，面积约3.24万 km²，蕴藏着丰富的固态水源，对水资源在时间分配上具有重要的调节作用。该地区多年平均蒸发量很大，一般在300~1 500 mm，盆地中心地带高达4 000 mm，是降水量的几十倍到几百倍。

2. 地表水资源分布不均

西北干旱地区的大部分内陆河发源于山区，主要依靠冰川融雪水补给，一些水量不大的小河流在出山后不久即消失于沙漠与戈壁中；一些水量较大的河流在盆地低洼处汇聚成内陆湖泊。该地区大小内陆河共有676条，其中，新疆570条，河西走廊55条，柴达木盆地51条。受自然地理条件和水文气象条件控制，这些河流大多长度短，流量较小；较大河流虽然数量少，却集中了绝大部分河川径流量。年径流量大于10亿 m^3 的河流20条（18条在新疆，柴达木盆地和河西走廊各1条），集中了内陆河年径流量的50%以上（约528亿 m^3）。这导致西北干旱地区河川径流量地域分布不均。在地域分布上，新疆西部和北部的伊犁河、阿克苏河、叶尔羌河及额尔齐斯河，径流较丰富；南部和东部较贫乏；柴达木盆地和河西走廊径流深由东向西递减，三省交界处径流深最小。山区地表径流量基本相当于山前盆地或几个盆地联合组成的盆地系统的水资源总量。例如，河西走廊山区的河川径流量约占当地水资源总量的93%，这表明平原地区降水等其他补给来源微不足道。根据多年水文资料记录，山区地表径流量由于得到冰雪资源的调节，自20世纪50年代以来多年平均径流量基本保持稳定，但是季节性变化和年际变化较大。

3. 水资源总量严重短缺，时空分布极不均衡

西北干旱地区是我国最干旱的地区，该地区年均降水量和单位面积降水量最高的是宁夏，约为全国年相应量的42.5%；最低的是新疆，不足全国年相应量的18%。西北地区各省区水资源分布，从单位面积径流量和地下水量来看，远远低于全国平均水平（2 929 m^3/ hm^2）。北疆地区因受北冰洋和大西洋气流影响，平原地区年降水量为100～200 mm，阿拉善地区东部在100 mm左右，南疆地区普遍不足80 mm，甘肃西部不足30 mm。塔里木盆地东南部的若羌一带在10 mm以下，年降水日数在13 d左右，是全国最干旱的地区。该地区降水的季节分配差异较大。河西走廊、新疆东部一带均以7月、8月多雨，夏季降水量占全年降水量的60%，北疆与塔里木盆地西部夏季降水量只占全年降水量的40%左右。伊犁、塔城地区以春季降水最多，降雪主要集中在12月至来年2月。如果按照全国多年河流平均径流深的地带划分，在5个地带范围，西

北占缺水的前二、三名，其中属于干旱—干涸带的有宁夏、甘肃的荒漠和沙漠、青海的柴达木盆地、新疆的塔里木盆地和准噶尔盆地、内蒙古的河套平原和鄂尔多斯高原，这些地区年降水量少于200 mm，年径流深在10 mm以下，属于没有灌溉就没有农业的地区；属于半干旱带—少水带的有宁夏、甘肃的大部分地区，青海和新疆的部分山地，这些地区年降水量200～400 mm，年径流深为10～50 mm。这些地区"十年九旱"，农业生产很不稳定，有些地区生活用水也十分困难。

4. 水文特征具有明显的内陆性

西北地区除新疆北部的额尔齐斯河属于北冰洋水系外，其余均属于内陆流域。大多数河流发源于周围山地，向盆地内部汇集，构成向心状水系。该地区河川径流的补给具有明显内陆性特征，其水盐平衡、水沙平衡、水热平衡等方面都有特殊性。西北干旱地区大部分河流以冰雪融水补给为主，冰雪融水占年径流量百分比大于47%的河流占到53%以上。河川径流的特征主要表现为：（1）年径流变差系数（Cv值）较小，一般河流的Cv值都在0.3以下。（2）河川径流量与气温有密切的关系。一般汛期出现在暖季，水量集中，枯水期出现在冬季，水量少，径流年内分配不均，大多数地区春季缺水。该地区河川径流的另一重要的补给来源为地下径流，地下水补给占年径流量的百分比可超过40%。另外，西北地区无论是地表水还是地下水，矿化度、含盐量均很高，湖泊多为咸水湖或盐湖，造成灌区土壤盐碱化。

5. 地表水与地下水在盆地内重复转化

在天然状态下，自山区流入盆地的地表径流，80%~90%在流经山前戈壁带时渗入地下，转化为地下水；在戈壁带前缘，60%~80%的地下水溢出地表，形成泉集河，流入绿洲，成为绿洲的主要灌溉水源。还有一部分形成地下径流流入低平原，并通过潜水蒸发排泄。在绿洲的灌溉用水中，一部分回渗地下，形成回归水，可重复利用。

（二）水资源开发利用存在的问题

1. 对西部水资源认识不统一，评价体系不完善

目前，对西北地区水资源的具体数量、成因以及如何解决缺水等问题还没

有统一的意见，对西部干旱地区水资源评价也没有一整套切实可行的方案。

张家诚在《西北干旱地区的水分评价问题》中指出，用水文统计法确定的水资源总量难以将西北干旱地区与我国东部地区水资源做出合理的比较分析，只有考虑了土壤水这一重要水资源分量才能予以改进。简单说来，华北地区由降雨进入土壤中而被作物根系利用的有效水分达到300 mm（多年平均）左右，而南疆绿洲年降水量一般不到50 mm，几乎很少进入土壤而被作物利用，作物所吸收的土壤水来自地表水。因此，未加入由降雨转化的土壤水，直接比较水资源总量显然不合理。西北干旱地区蒸发量远大于华北地区，这里无灌溉就没有农业，全部用水都要通过渠道输送，损耗自然要大。应该说，干旱地区作物实际灌溉用水高于华北地区是合理的，不应该简单类比而认为西北干旱地区耗水多于华北地区。因此，正确认识和评价西北地区水资源状况成为当务之急。

2. 水资源利用不合理，生态环境破坏严重

西北地区部分地方的水资源开发程度已经超过当地水资源的承载能力，如天山北坡中段和东疆地区，甘肃河西走廊的石羊河、黑河流域等，这些地区的地表水、地下水大多经过三次转化和利用，下游来水量锐减，水质严重劣变，河流萎缩，湖泊干涸，地下水水位下降，生态环境恶化。据统计，目前西北地区的荒漠化土地以每年0.2万～0.3万 km² 的速度在增加，荒漠化土地面积已累计扩大了15万 km²，次生盐碱化土地面积已达到200 km²，占全国盐碱化土地面积的1/3以上；多数内陆河流域的地表水开发利用程度很高，但地下水未充分利用。长期以来，西北干旱和半干旱地区水资源的开发利用没有充分考虑该地区水资源的基本特点，缺乏上下游的统一规划，片面提高地表水的利用率，盲目在上游修建水库，大量引水，不仅导致山前地表水锐减，而且山前区域地下水水位下降幅度较大。在流域中游，灌溉区由于过度引水，加上排水设施差，形成大片盐碱地或沼泽地，迫使采用大水漫灌进行洗盐，不仅造成水资源的浪费，更加剧了盐碱化程度，造成大片农田弃耕。上游和中游的大量引水导致下游河流量和泉流量减少，地下水水位下降，湖泊萎缩干枯，水质变差，绿洲面积减少。

3. 河水断流，泉水衰竭

从20世纪40年代开始，干旱区农耕规模飞速扩大，地表水和地下水开发利

用程度较高，河西走廊、准噶尔盆地和塔里木盆地等主要平原区，水资源利用率超过65％，远远超出世界干旱区平均水资源利用率30％的水平。水资源利用程度的提高直接引起干旱区水文状况的剧烈变化。平原区石羊河、孔雀河、喀什噶尔河等较大的内陆河水系下游河道均干涸废弃，河道缩短。塔里木河流域由于山区河流被拦截，地下水补给逐年减少，泉流量严重衰减。1956—1978年，河西走廊泉流量由8.63亿 m³减至2.12亿 m³，总递减率达83.7％。到20世纪80年代，泉流量又急剧下降至0.69亿 m³，近年来仅余0.3亿 m³，实际上已接近枯竭，以致武威附近200多条河流断流，溢出带附近的湖泊、沼泽全部消失。

4. 地下水超采，地下水水位持续下降

由于地表水水文条件的变化以及人为大量开采活动，下游地区及中游绿洲外围地带地下水水位持续下降。石羊河流域由于泉水枯竭，不得不发展井灌以替代泉灌，但由于地下水补给来源断绝，因此，目前开采的地下水实际上大部分是不宜动用的储存量。据估计，年开采量达4亿 m³左右，约超采3亿 m³。下游盆地地下水水位下降4～17 m，形成总面积达1 000 km²的大型区域地下水水位下降漏斗；黑河流域下游地区地下水水位下降1.2～5 m，乌鲁木齐河流域河谷地带、北部山前倾斜平原和细土平原区，地下水水位平均每年下降0.44～1.2 m；承压水埋深自1966年以来下降了70～110 m[①]。

5. 水质恶化

整个干旱区普遍存在水质恶化现象，表现在中下游天然水体（地表水、地下水）不断咸化和人为污染两方面。水资源利用程度的提高，加速了地表水与地下水之间的转化过程；水资源重复利用率的提高，使地下水经历了较为强烈的水岩相互作用，尤其是土壤层中的盐分溶滤作用及水在渠系、河道和土壤层中的蒸发作用，使地下水中的盐分不断积累、浓缩，矿化度上升，发生咸化。

---

① 林奇胜，刘红萍，张安录.论我国西北干旱地区水资源持续利用[J].地理与地理信息科学，2003（3）：54-58.

第二节　干旱地区水资源评价理论

从水文角度讲，水资源评价指对某一地区水资源的数量、质量、时空分布特征和开发利用条件进行定量计算，并分析其供需平衡，预测其变化趋势。从水利科技角度讲，水资源评价指在确定水资源的来源、数量、变化范围、保证程度及水质的基础上，评价其可利用及控制的可能性。

一、传统的水资源评价理论和方法

（一）传统的水资源评价方法

1. 水量均衡法

水量均衡法是根据水量均衡原理建立水量均衡方程式来进行地下水资源评价的方法。水量均衡法用于全面研究某一地区（均衡区）在一定时间段内（均衡期，一般为一个水文年）地下水补给量、储存量和消耗量之间数量转化关系的方法，用来评价地下水的允许开采量。它是运用物质不灭原理来分析计算地下水量。实际上这一原理是评价地下水允许开采量的许多方法的指导思想。

2. 允许开采量及可利用量的水资源评价方法

地矿部门给地下水允许开采量所下的定义是：在经济合理的开采条件下和在开采过程中不发生水质恶化或其他不良地质现象（如地面沉降、地面塌陷等），并对生态平衡不致造成不利影响的情况下，有保证的可供开采的地下水资源量。

水利部门给水资源可利用量（可供水量，包括地下水和地表水）所下的定义是：在不同水平年、不同保证率的情况下，考虑需水要求，供水工程设施可提供的水量。

应根据允许开采量及可利用量的定义，针对水资源评价中存在的问题，结合工作实践，在地下水、地表水统一评价及按含水系统或流域评价水资源的前提下，提出允许开采量及可利用量的评价方法。[①]

---

① 彭玉怀，杨兆军，王少龙.用于规划目的的水资源评价方法讨论[J].安徽地质，2000，10（2）：138-141.

3. 解析法

应用地下水动力学解析法评价地下水允许开采量，指根据水文地质条件和布井方案，选用地下水动力学中相应的井流公式来计算各个井的涌水量，各井总和便是开采量，只要不引起不良后果，便是允许开采量。

解析法在理论上是较严密精确的，只要介质条件、边界条件和取水条件（取水构筑物结构、类型等）符合公式的假定条件，则计算出来的开采量是既能取得出来又有补给保证的水量（稳定流），或可以预报出该条件下开采时水位变化情况（非稳定流）。

4. 数值法

数值法是随着计算机的出现而发展起来的，应用十分广泛。从理论上看，尽管它是对渗流偏微分方程的一种近似解，但实际应用中完全可以满足精度要求，它可以解决许多复杂条件下的水资源评价问题，往往比简化条件的解析法更为精确，是一种较好的方法。

在地下水资源评价中常用的数值法有两种，即有限差分法和有限单元法。这两种方法各有利弊，在实际运用中许多方面是相似的，都是把研究区剖分为若干网格（方形、矩形、三角形），写出单元网格的水均衡偏微分方程，用不同的方法线性化，得出线性方程组，用计算机联立求解线性方程组，所不同的是在网格剖分上及线性化的方法上有所区别。

5. 随机模型法

随机模型法具有独特的优越性。在某些情况下，如水文地质边界条件较复杂，勘探、试验工作不多，获得的水文地质参数较少，对含水层内部结构尚未充分了解，较难应用前述的解析法和数值法。而在这些地区，如有较长时间的地下水动态观测资料，可以通过建立随机模型评价允许开采量，并对开采动态进行中、长期预报。

6. 开采试验法

开采试验法是模拟水源地开采条件（包括开采方案、开采降深、开采量等）进行较长时间的抽水试验，根据抽水试验的结果确定允许开采量。

对于水文地质边界条件复杂、地下水补给条件难以查明或水文地质参数难以取得的中小型水源地，可应用开采试验法，以实际开采量来评价地下水允许开采量。此外，有的大型水源地，为提高地下水允许开采量的计算精度，也应用开采试验法进行评价。

在选定的水源地范围内，根据水文地质条件，选择合适的布井方案，打探采结合孔。最好在旱季，尽可能接近开采条件，进行较长时期、大流量、大降深试验性开采抽水，抽水试验的结果可能出现稳定状态和非稳定状态两种情况。

7.地下水文分析法

地下水文分析法是应用地表径流的水文分析方法来计算地下水允许开采量。由于地下水在地下岩石空间中流动，其流场比地表水复杂得多，一般直接测地下水流量往往有困难（有时只能用间接测流法），所以地下水文分析法只适用于一些特定地区的地下水资源评价，如岩溶管流区、基岩山区等，而这些地区的地下水资源评价常常也是其他许多方法难以应用的地区。

（二）传统的水资源评价内容及具体方法

传统的水资源评价，主要包括降水资源评价、地表水资源评价、地下水资源评价及水资源开发利用评价。

1.降水资源评价

大气中的水汽以液态或固态形式到达地面，称为降水。降水的主要形式是降雨和降雪，还有雹、露、霜等形式。降水是气象要素之一，是水文循环的重要环节，也是自然界水循环过程中最为活跃的因子，还是陆地上各种水体的直接或间接的补给源。降水量和降水特征对水体的水文特征和水文规律具有决定性作用。

干旱半干旱地区冬季降水稀少，降水的主要形式是液态水，即降雨。降雨的基本要素包括降雨量、降雨历时、降雨强度、降雨面积。降雨量是指一定时段内降落在某一点或者某一面积上的水量，以 m^3 或 mm 表示。降雨历时是指一次降水所经历的时间，以分钟（min）、小时（h）、日（d）等为单位。降雨强度表示单位时间内的降雨量，以 mm/min 或 mm/h 表示。根据降雨强度可以将降雨分为小雨、中雨、大雨、暴雨、大暴雨、特大暴雨。降雨面积则指某次降雨所笼罩的面积，以 km^2 表示。

降雨时空分布的表示方法主要有以下三种。

降雨量过程线：以时段降雨量为纵坐标、以降雨时程为横坐标绘制的柱状图或曲线图。它可以显示时段降雨量的变换过程。一般绘制出的日降雨量过程线是不连续的（降雨的间断性），因此可以采用更短的时段（如h、min）来绘制降雨量过程线。

降雨量累积曲线：以时间为横坐标、以降雨开始到该时刻的累计降雨量为纵坐标绘制的折线图或曲线图。降雨量累积曲线上任一点的斜率即为该点相应时刻的降雨强度。将同一流域各雨量站的同一次降雨的累积曲线绘制在一起，可以用来分析降雨在流域内的分布及各站降雨在时段上的变化。

等雨量线：对于面积较大的区域或流域，为了表示降雨量的平面分布状况，可以绘制等雨量线图，即降雨量等值线图。其绘制方法与地形等高线图相似，首先将流域内各站雨量标注在相应位置，然后根据其数值勾绘等值线。

2. 地表水资源评价

地表水资源量是指由降水形成的河流、湖泊、冰川等地表水体可以逐年更新的动态水量，用多年平均年河川径流量表示。

地表水资源评价主要包括地表水资源量及地表水资源可利用量分析。

用简单的数学关系概括复杂的水文现象，进行水文预报，是20世纪40年代开始的。1946年库克（Cook）提出了下渗指数法，1949年林斯雷（Linsley）等提出前期降水指数法（API），1976年著名学者周文德把系统模拟这一渗透到水文学的尝试提到科学方法的高度，对水文系统的模拟做了完善的概况分析，对水文事业做了承前启后的开拓性工作。

降雨—径流（Rainfall-Runoff）过程被认为是高度非线性、时间和空间分布不均匀的过程，并且不易用简单模型来描述。一般降雨—径流过程建模的方法有两种，分别为概念性流域水文模型和系统理论模型（有时也称为黑箱模型）。概念性流域水文模型在研制初期主要用于模拟小型均质地域，其应用的主要步骤是进行模型的率定，这需要大量的观测资料，从而获得降雨径流过程的计算值与观测值的最好拟和[1]；曹广学等于2005年将 BP 算法引入人工神经网络系统[2]（属于系统理论模型）进行洪水预报，对降雨径流预报的网络模型进行改进，取得了令人满意的精度。

关于坡面产流，国内外学者已从入渗产流的机理和过程入手，提出了许多估算地表径流的过程模型，如 Green-Ampt 入渗公式和 Horton 入渗公式等。这类模型一般理论基础充分，层次清晰，计算结果较为精确，但是涉及较多参数，资料不易获取，计算过程较为复杂。对于缺乏详细降水过程的地区来说，上述模型很难推广使用。

在地表水资源评价与计算工作中，对于地表水资源量的估算，主要有两种方法：一是利用已有水文资料进行径流估算，精度较低；二是在分析降水产流机理的基础上，考虑降水因子（如年平均降水量、汛期平均降水量、非汛期平均降水量等），建立产流模型，寻求降水后径流的形成规律，进一步进行地表水资源的估算与研究。王宏、熊维新[3]于1994年考虑流域年平均降水量、汛期平均降水量、最大30日流域平均降水量、非汛期平均降水量、日降水量大于9 mm 的累计降水量等降水因子，对渭河流域产流产沙规律进行探讨，建立了渭河流域年径流量同降水各因子之间产流产沙经验公式；李福威[4]于2002年利用降雨径流经验相关模型进行水库洪水预报，预报精度较高。已有产流模型主要考虑降水因子影响，很少考虑区域或流域下垫面特性、水土保持措施等因子对区域或流域产流的影响，具有一定的局限性。

（1）地表径流及其表示方法。

地表径流是指降水经地面或地下汇流至河道后，向流域出口断面汇集的全部水流。

---

① S K JAIN.概念性降雨径流模型的率定[J].人民长江，1994，25（8）：55-57.

② 曹广学，张世泉.BP模型在降雨径流预报中的应用研究.[J].太原理工大学学报，2005，36（3）：351-353.

③ 王宏，熊维新.渭河流域降雨产流产沙经验公式初探.[J].中国水土保持，1994（8）：15-17.

④ 李福威.降雨径流经验相关模型在桓仁水库洪水预报中的应用[J].东北水利水电，2002（1）：35-37.

河川径流＝地表径流＋地下径流

地表径流的表示方法有流量 Q（m³/s）、径流总量 W（万 m³）、径流深 R（mm）、径流模数 M［m³/（s·km²）］、径流系数等。

河流多年平均径流量的估算如下：

①有长期实测资料。当实测资料超过20年时，多采用算术平均值法进行估算。

②有短期实测资料。当实测资料不够20年时，利用降雨及径流资料进行插补展延，插补展延的主要方法为相关分析法，用待补站点已有数据与其相邻上下游测站对应的数据进行相关分析，利用建立的回归方程和已知站点资料对待补站点缺失的数据进行计算或适当延长。

③缺乏实测资料。缺乏径流实测资料时，多采用水文比拟法、等值线插值法、经验公式法（水文手册法）等方法进行径流量的估算。

（2）地表水资源可利用量。

地表水资源可利用量是指在可预见的时期内，在统筹考虑河道内生态环境和其他用水的基础上，通过经济合理、技术可行的工程措施，在地表水资源量中可控制供河道外生活、生产、生态环境用水的一次性最大水量。

3. 地下水资源评价

地下水受自然和人为因素的影响处在不断运动中。描述地下水运动状态有两种理论，即稳定流理论和非稳定流理论。稳定流理论所描绘的仅仅是在一定条件下，地下水运动经过很长时间所达到的一种平衡状态或相对平衡状态。这种平衡状态是不随时间发生变化的。而实际的地下水运动总是处于不断地变化之中，因而稳定流理论有很大的局限性，只能在某些特定条件下应用。地下水非稳定流理论则考虑了时间变量，反映了客观实际，相对于稳定流理论有较大的适应性。

（1）补偿疏干法。

在间歇性的河谷区、小型潜水盆地、局部汇集浅水的岩溶地段，一般旱季没有补给，但有天然消耗（如流出及潜水蒸发），形成疏干层。雨季，降雨入渗补给量除了供给天然消耗外，剩余的储存于含水层中，即可恢复疏干层，以备下一个旱季消耗。这个过程年复一年地进行着，形成了一个天然的分配过程。

在旱季没有补给时，借用人工疏干量保证开采量；雨季补给时，由于含水层的疏干空出部分地下水库容，补给量增多，除了保证开采量外，尚可填满疏干层。这种人工疏干不仅减少了天然消耗，还可能增加天然补给，而且可把雨季多余的补给量暂存在疏干层中留待旱季使用，满足连续开采的要求。

（2）抽水试验法。

抽水试验法一般用在水文地质条件比较复杂、岩性不均一的水源地。对于裂隙岩溶地区，水文地质参数不易获得，地下水动力学公式的应用比较困难。为了避开这些参数，可采用抽水试验法，以摸清地下水的补给条件和评价地下水的开采量，故又称为开采试验法。这种方法主要是利用生产井进行较接近实际需水量的抽水，根据稳定流量直接评价，并根据地下水水位变化趋势分析地下水补给的保证程度。另外，还可以进行3次不同降深的抽水，根据稳定流量和相应降深的关系曲线，推测设计降深条件下的开采量。西安市曾经利用此法进行地下水资源评价，效果较好。

但是，由于抽水试验法不可能持续长时间的抽水状态，通常连续抽一年已经很少见了。即使抽一年也只能反映这一年的地下水补给与排泄情况，无法表征多年的情况。因此采用抽水试验法进行评价的代表性会受到限制，往往是在无资料地区估算水资源时才应用。

（3）数值计算法。

数值计算法指利用地下水非稳定流的基本微分方程在不同边界条件下的解析解和数值解，研究开采量与相应水位降深之间的关系的方法，一般用于孔隙水较好。它可以评价潜水或承压含水层的开采量，预测含水层中任意一点的水位降深随时间的变化趋势。

解析解（即精确解）只适用于含水层几何形状简单、水文地质条件单一、含水层均质各向同性的情况。但是自然界的实际情况往往比较复杂，含水层非均质，厚度也会发生变化，隔水底板起伏不平，边界形状不规则，边界条件复杂。除了侧向补给外，还有垂向补给、承压水转变为无压水等情况。在这种情况下，应用解析解是有困难的，但是可用数值解。目前应用比较多的是有限差分法和有限单元法。这里介绍有限差分法。

有限差分法即用差分近似地代替微分，也就是把描述地下水运动的偏微分方程近似地用差分方程来代替，然后对差分方程求解。

（4）浅层地下水系统模拟模型法。

目前，用地下水运动基本微分方程模拟地下水水平流时，将方程中的垂向交换项（如降水和地表水的入渗，潜水蒸发等）作为待定参数，通过求逆问题与其他水文地质参数一起率定。这种处理在垂向交换量较小时问题并不明显，但在受人类活动影响强烈的浅层地下水系统中，水分的垂向运移比水平运移强烈，问题就明显了，所以就要对水分垂向运动进行更详细的研究。

（5）水量均衡法。

对于一个均衡区（或水文地质单元）的含水层来说，地下水在补给和消耗的动态平衡发展过程中，任一时段补给量和消耗量的差值，永远等于该时段内单元含水层储存水量的变化量，这就是水量均衡原理。若把地下水的开采量作为消耗量考虑，可以对一个区域的地下水建立地下水均衡方程[1]。

根据以上方法的比较，针对宁夏中部干旱带实际情况，采用抽水试验法及数值计算法等方法进行水资源评价困难较大，但是由于该地区在治理荒漠化、土地退化等工作中积累了大量的水文地质资料，针对该地区实际的水资源状况，可选取直观简便的水量均衡法，分析其补给量和排泄量关系，对干旱半干旱区水资源开采利用现状进行评价，为今后的水资源有效利用和可持续发展提供可靠保证。

二、变化环境下的水资源评价理论和方法

随着水环境、水生态问题的层出不穷，水资源的战略地位日渐突出，实现多种水资源的统一调配和水资源的高效利用，被认为是缓解水资源紧缺的有效途径之一。因此，有必要拓展原有的水资源评价理论和方法研究，开展多层次、多角度的水资源评估，以应对变化环境下不断涌现出的全球水问题。

---

① 李征.地下水开采量计算方法概述[J].海河水利，2014（1）：34-36，46.

从未来发展来看，随着水问题的发展和研究的不断深入，水资源日益显著的社会属性、经济属性、生态和环境属性受到重视，社会学和经济学等相关研究将会引入水资源研究中。另外，信息技术的不断发展也为水资源研究提供了有力的技术支撑。因此，为了应对变化环境下的水资源需求，水资源评价需要从以下五个方面展开研究。①

1. 将评价对象拓展为降水通量

国内外以往的水资源评价方法中，水资源评价内容不尽相同，评价对象主要集中在地表水资源、地下水资源和地表水的入境水量上，国际上一些国家甚至只将地表水资源量作为水资源评价的内容，近来一些国家逐渐开展水资源可利用量的评价，我国则是将当地产水量作为评价内容。事实上，处于地表和地下之间的非饱和带中的土壤水资源，始终在农业生产和生态与环境建设方面发挥重要的作用。随着水资源稀缺性的凸现，人们开始关心不同赋存形式水资源的综合利用，因此土壤水资源已逐渐引起学术界和相关部门的广泛关注。而在相关实践中也已经开始有针对性地对土壤水进行调控利用，如制定灌溉制度时充分考虑有效降水对作物的效用、利用地膜覆盖等方式增加土壤水利用等。因此，有必要将水资源评价对象拓展，以便于服务现代水资源管理需求，实现多种水资源的合理配置。

将水资源评价对象拓展为降水通量，可以满足不同层面的水资源需求。在降水通量中，继续区分对经济社会发展和生态环境保护具有效用的有效水分和无效水分。在有效水分中，从水资源的有效性、可控性和可再生性的基本评价准则出发，细分为广义水资源量、狭义水资源量以及国民经济可利用量。在广义水资源量中，进一步区分水利用不同效用。

2. 将评价模式拓展为水的自然循环和社会循环统一评价

人类活动对水资源的影响，导致水资源循环的规律表现为明显的二元特

---

① 王浩，仇亚琴，贾仰文.浅析变化环境下的水资源评价理论方法[J].水利发展研究，2010，10（8）：9-11.

征：一是水资源的自然形成、运动和演化规律；二是水资源在经济社会系统中形成的取水、输水、用水、耗水、排水的循环规律。二者相互作用，相互影响，此消彼长。国内外以往水资源评价主要集中在经典还原论和经验论的基础上，对水的自然循环和社会循环的相互作用、相互影响、相互依存的关系反映不足。因此，水资源评价模式应拓展为水的自然循环和社会循环的统一评价。

3. 将评价基础拓展为动态评价

人类经济社会的不断发展对地表水体的开发和重塑、局部微地貌的改变、土地覆盖的改变以及人为建筑物的修建全面改造了下垫面，进而影响了水循环过程和下垫面的各类水文特征。下垫面的渐变和突变过程造成水资源评价系列存在不一致，给水资源科学评价带来困难。目前国内外提出的一致性修正方法仅处理至某一时段综合下垫面，忽略了这一时段下垫面的渐变和连续变化，修正后的水资源系列不能代表水资源量的"真值"，且单一下垫面无法适应水资源规划和管理的需求。因此，有必要将不同时点下垫面作为水资源评价的参变量，从而实现流域水资源的"还原"量、"还现"量和"还未来"量的多情景动态科学评价，这样评价出来的量才能逼近水资源的"真值"。

4. 将评价手段拓展为"自然—社会"二元水循环模型

水的自然循环和社会循环构成了水资源的形成、分布、运动和演变过程，而赋存于自然循环和社会循环过程中形式各异的水，无所不在且不断转化运动，给水资源的精细评价增加了难度。

"自然—社会"二元水循环模型耦合了WEP-L分布式水文模型和集总式水资源调配模型，能够从不同时间尺度和空间尺度描述水的自然循环和社会循环机制，综合考虑下垫面变化过程和人工取用水过程对水循环的影响，实现水循环全要素过程的精细模拟，为开展精细水资源评价提供强有力的支撑，服务于不同层面水资源管理的需求。

5. 变化环境下水资源评价的主要内容

变化环境下的水资源评价方法对传统水资源评价方法进行了拓展，其评价内容包括三大部分：一是资源量的评价；二是循环过程中的水分利用效用的评价；

三是水资源量的动态评价，即评价不同时间点上的水资源量，实现循环通量和循环效用的统一评价。水资源评价内容具体可分为层次化评价、循环效用评价、循环效率评价及动态评价。

第三章　干旱地区节水潜力分析

干旱地区水资源短缺的同时，水资源利用效率及效益相对较低，水资源供需矛盾严重阻碍着区域经济社会的快速发展。认清水资源情势，实施全面节水，促进水资源高效利用，成为干旱地区缓解区域水资源供需矛盾、实现水资源可持续发展的根本性措施[①]。节水潜力分析则可挖掘最大节水量，为水资源配置、规划提供依据。

第一节　节水及节水潜力概念

一、节水及节水潜力概念

节水指在不降低人民生活质量和经济社会发展能力的前提下，采取综合措施，减少取用水过程中的损失、消耗和污染，提高水的利用效率。它是缓解水资源供需矛盾、减少水资源污染的根本措施和长效措施。

目前，关于节水潜力尚未形成一个统一、公认的定义和概念。《全国水资源综合规划技术大纲》中认为节水潜力是以各行业（或作物）通过综合节水措施所能达到的节水指标为参照标准，分析现状用水水平与节水指标的差值，并根据现状发展的实物量指标计算的最大可能节水数量。由此可以看出，传统意义上的节水潜力主要指某一行业（或作物）、局部地区在采取一种或综合节水措施以后，与未采取节水措施相比，所需水量（或取用水量）的减少量。

[①] 裴源生，张金萍，赵勇.宁夏灌区节水潜力的研究[J].水利学报，2007，38（2）：239-243，249.

随着近年来对节水工作的深入研究，有学者指出并不是所有取用水的节约量都是节水量，只有所减少的不可回收水量才属于真正意义上的节水量。美国加利福尼亚大学戴维斯分校土地、大气和水资源系的 Davenport 和 Robert 对灌溉取水节水量中的可回收水与不可回收水的概念做了比较系统的说明，并对加利福尼亚州的灌溉节水潜力进行了系统分析[①]。谢新民等[②]针对宁夏灌区的实际情况，提出以区域耗水量的变化作为水资源高效利用的评价指标，将取用水量的变化作为参考指标对水资源高效利用进行评价。沈振荣等[③]提出了"真实节水"的概念，认为真实节水是节约水量中所消耗的不可回收水量，包括蒸发蒸腾量、无效流失量以及作物增产部分所增加的净耗水量。这些全新节水概念的提出为正确认识区域节水潜力提供了新的认知基础和科学理念，但遗憾的是，这些研究都未能从资源角度出发，站在宏观角度上，定量研究水资源所能节约下来的损耗量——耗水节水量。

实际上，区域内某部门或某行业通过各种节水措施所节约出来的水资源量并没有损失，仍然存留在区域水资源系统内部，或被转移到其他水资源紧缺的部门或行业，满足该部门或行业的需水要求，因此，从单个用水部门或行业来看，节约了取用水量，但就区域整体而言，取用水的减少量并没有实现真正意义上的节水。因此，传统意义上计算节水潜力的方法根本不能真实地反映该地区实际的水资源节约量，必须从水资源的消耗特性出发，研究区域真正的节水潜力。

二、主要节水环节

1. 农业节水

无论是南方丰水地区，还是北方缺水地区，农业均为第一用水大户。目前

---

① Davenport David C, Robert M Hagan. Agricultural water conservation in California, with emphasis on the San Joaquin Valley[R].Department of Land, Air and Water Resources, University of California, 1982: 219.

② 谢新民，赵文俊，裴源生，等.宁夏水资源优化配置与可持续利用战略研究[M].郑州：黄河水利出版社，2002.

③ 沈振荣，汪林，于福亮，等.节水新概念——真实节水的研究与应用[M].北京：中国水利水电出版社，2000.

我国农业用水量约占全国总用水量的64%，水的有效利用率只有45%左右。如果灌溉水利用率提高10%~15%，每年可减少灌溉用水量约600亿～800亿 m³。加快推进节水农业，是缓解我国水资源供需矛盾的希望所在。

尽管我国农业用水所占比重近年来明显下降，但农业仍是第一用水大户，农业用水的90%以上用于灌溉，农业用水状况直接关系到我国水资源的安全。我国的地面灌溉面积约占总灌溉面积的98%，全国三分之二的灌溉面积上采取的灌水方法十分粗放，灌溉水利用率低。农业是当前我国节水的主战场，也是最具节水潜力的行业。

2. 工业节水

工业节水重点在于提高工业用水重复利用率，污水回用率；实行计划用水，提倡一水多用、优水优用；进行工艺改造和设备更新，淘汰高用水工艺和落后的设备；应用节水、高效的新技术，如高效人工制冷技术、低温冷却技术、高效洗涤工艺等。

3. 生活节水

城镇生活用水主要指居民在家中的日常生活用水，包括饮用、烹调、洗涤、清洁、洗澡等用水。随着国民经济的不断发展，人民生活水平不断提高，城镇居民生活用水量也随之增加。应探索构建生活节水技术标准体系，推广节水型器具和节水技术，促进城镇生活用水量逐步下降。

第二节 干旱地区节水潜力理论基础

一、干旱地区水循环理论

干旱地区内的平原区及风沙区是人类活动比较频繁的区域，水资源的循环过程受人类活动干扰剧烈，在许多方面已经直接或间接改变了区域原有天然水循环的转化规律，演变成由人工和自然共同主导的人工—天然复合水循环系统。平原区分布式水循环研究即针对这种以人工用水和径流耗散为主的特殊区域，从复杂的水循环演变机理出发，对平原区水循环过程进行详细模拟。模拟的对象不仅包括天然水循环系统的蒸发蒸腾、入渗、产汇流及天然河道输水过程（包括与地下水之间的转换关系），而且包括人类间接影响和直接创造的水循环过程，诸如农田灌排系统、工业水循环系统、生活水循环系统以及人工生态水循环系统。根据这种详尽的水循环过程模拟，对区域水资源的供用耗排关系进行分析计算，明确区域耗用水量和真正的节水潜力。

二、广义水资源配置理论

水资源合理配置是促进节水的重要措施之一，广义水资源合理配置以促进区域经济社会和生态环境和谐发展为目标，实现水资源在不同需水部门之间的合理配置。在配置内容上，不仅对可控的地表水和地下水进行配置，还对半可控的土壤水以及不可控的天然降水进行配置，配置内容更加丰富。在配置对象上，增加了生态用水的配置，配置对象更加全面（包括生态、生活、生产三个方面）。在配置指标上，考虑了全口径供需平衡指标，包括：（1）传统供需平衡，研究生活、工业、农业、人工生态水资源需求量和可控水资源供给量之间的平衡；（2）耗水供需平衡，研究包括天然生态系统和经济社会系统的可控地表地下水资源需求与可控地表地下水资源消耗之间的平衡；（3）广义水资源供需平衡，研究包括天然生态系统在内的广义水资源需求和包括土壤水在内的广义水资源供给之间的平衡。

第三节　干旱地区节水潜力计算方法

一、工业节水潜力

工业节水潜力参照下式计算：

$$W_g = Z_t \times (Q_0 - Q_t)$$

式中：W_g——工业节水潜力（m^3）；Z_t——规划水平年城市工业产值（万元）；Q_0，Q_t——现状与规划水平年采取相应的节水措施后的工业万元产值取水量（m³/万元）（考虑产业结构升级、产品结构升级优化、节水技术改造、调整水资源费征收力度等条件下的综合节水潜力）。

万元产值取水量反映了工业用水的综合效率，是衡量工业节水水平的重要指标。由于各地经济发展水平不同，工业节水水平也会存在较大的差异。

二、生活节水潜力

生活节水潜力参照下式计算：

$$W_c = R_t \times L_t \times J_z \times 365 \times (P_0 - P_t)/1\,000 + W_s \times J_z$$

式中：W_c——生活节水潜力（m³）；W_s——现状城镇生活用水量（L）；R_t——规划水平年城镇人口（人）；L_t——规划水平年城市人均日生活用水量[L/（d·人）]；J_z——采用节水型器具的节水贡献率（%）；P_0，P_t——现状与规划水平年采取节水措施后的节水型器具普及率（%）。

生活用水包括城镇居民家庭用水和公共服务用水。城镇居民家庭用水主要部位在水龙头（洗菜、做饭、保洁）、厕所、洗浴、洗衣4项上。公共服务用水按照用水的性质分为人员用水和设施用水，其中人员用水包括饮食、厕所、洗浴、洗衣等，设施用水包括中央空调、保洁、供暖、绿化等。为了计算简便，将城市生活用水细化到终端层次上，并计算主要用水部位的节水潜力。公共服务用水由于用水的主体仍然是人，同样包括上述4种用水类型，但是公共服务用水又有自己的特点，因此需要考虑中央空调、中水利用、节水灌溉和水价调节4个方面[①]。

三、农业节水潜力

包括输水系统工程节水潜力、田间节水潜力、种植结构调整节水潜力、发

---

① 刘昌明，左建兵.南水北调中线主要城市节水潜力分析与对策[J].南水北调与水利科技，2009（1）：1-7.

展井渠结合节水潜力分析等。

第四节　小结

从以上节水潜力的概念及计算方法来看，节水潜力的概念涵盖范围越来越大，内涵越来越广，但节水潜力计算的方法较为简单，选择合适参数套入简单公式即可。但是在节水潜力计算中，要求具备扎实的理论基础，把区域水资源配置、水资源规划等关键问题解决好。

第四章　宁夏中部干旱带
水资源开发利用现状

第一节　水资源概况

一、盐环定扬黄工程

盐环定扬黄工程跨越宁夏、甘肃、陕西三省（区），各省（区）水资源条件有所不同，现只对共用工程与宁夏专用工程区域进行叙述。

（一）区域概况

盐环定扬黄工程位于黄河流域的苦水河水系和盐池内陆河流域的交叉地带。

宁夏的受水区为盐池县，位于宁夏东部，北与内蒙古鄂托克前旗相连，南与甘肃环县毗邻，东部紧靠陕西定边县。地理位置介于东经106°25′～107°47′、北纬37°04′～38°10′，总面积8 522.2 km²。

盐池县处于鄂尔多斯缓坡丘陵区，地形起伏较大，有台地、丘陵、梁岗、洼地、沙丘等自然地貌，地势西高东低，南高北低，大致分为三个地貌单元：（1）黄河冲洪积平原地貌区，在一、二干渠一带，为苦水河水系，地形平坦。（2）低缓丘陵梁岗地貌区，分布在高沙窝镇、花马池镇、王乐井乡、青山乡、冯记沟乡和大水坑镇、惠安堡镇的部分地区，总面积约6 000 km²，约占全县总面积的70%。共用工程的三至八泵站、马儿庄干渠沿线以及宁夏专用工程的大部分项目分布在该区，属盐池内陆河流域。地形多呈梁岗状台地及封闭型洼地，海拔1 300～1 600 m，部分地区零星分布着流动沙丘，形成风积地貌。梁岗多呈南北向分布，顶部宽阔平缓，低缓丘陵梁岗之间的广大地区属冲洪积平原，地势较为平坦宽阔。一些地带形成很多封闭型洼地，为地表水和地下水汇集地，地下水多为高矿化度咸水，由于长期蒸发浓缩作用，形成一系列盐碱地和盐池。（3）黄土丘陵区，分布在惠安堡镇、大水坑镇的部分地区，总面积约1 200 km²，约占全县总面积的14%。共用工程九干渠、十干渠以及宁夏专用工程的部分项目分布在该区，为苦水河水系的发源地，海拔1 600～1 800 m，地表冲沟发育，常呈树枝状、V字形，一般切割深度小于20 m。

（二）气象

盐池县深居内陆，属中温带干旱区，具典型的大陆性气候特点，冬长夏短，春迟秋早，冬寒夏热，雨雪稀少，风大沙多，蒸发强烈，干旱频繁，日照充足。多年平均降水量282.1 mm，由南向北递减，降水年际变化大，年内分配不均，主要集中在7—9月，占全年降水量的62%，最大年降水量586.8 mm，最小年降水量仅145.3 mm，多年平均蒸发量1 987.6 mm，详见表4-1。

表4-1　盐池县多年平均降水量及蒸发量

月份	降水量/mm	蒸发量/mm
1月	1.9	42.4
2月	3.0	58.0
3月	12.0	125.2
4月	14.3	222.4
5月	30.8	298.4
6月	36.5	303.4
7月	66.2	288.5
8月	67.0	227.5
9月	29.7	173.1

续表

月份	降水量 / mm	蒸发量 / mm
10 月	15.2	123.6
11 月	4.2	77.1
12 月	1.3	48.0
全年	282.1	1 987.6

多年平均气温7.7 ℃，多年平均无霜期128 d，土壤冻结期在120 d以上，全年日照时数2 867.9 h。春季多西风，夏季主要为南风和东南风，多年平均风速2.8 m/s，多年平均最大风速18.6 m/s，3—5月的大风日数占全年大风日数的40%左右。

（三）暴雨径流

盐池县径流多由暴雨产生的洪水形成，洪水主要发生在6—9月，以7月、8月最多，可占70%~90%（大于100 m³/s的洪水）及60%~80%（10~100 m³/s的洪水），占比自南向北增加，4月、5月偶尔有。洪水多数由笼罩面积小、历时短、强度大的暴雨造成，洪峰陡涨陡落，一般不超过一天，有的仅有几个小时。

产流区属于鄂尔多斯缓坡丘陵区，土质疏散，下渗量较大，地面坡度1/40～1/1 000，水土侵蚀严重，产流方式以超渗产流为主。产流后即泄，汇流快，造峰历时短，洪水陡涨陡落，过程较短。盐池县各渠段洪水资源见表4-2。

表 4-2　盐池县各渠段洪水资源统计表

项目名称	汇流面积 / km²	概化长度 / km	5 年一遇		10 年一遇		20 年一遇	
			洪峰流量 / (m³·s⁻¹)	洪水总量 / m³	洪峰流量 / (m³·s⁻¹)	洪水总量 / m³	洪峰流量 / (m³·s⁻¹)	洪水总量 / m³
共用工程	60.432	21.66	105.12	306 708.00	181.33	609 309	245.88	931 621.00
专用工程干渠	1.500	1.94	5.81	9 480.00	9.16	17 401	12.69	31 500.00

项目名称	汇流面积 / km²	概化长度 / km	5 年一遇		10 年一遇		20 年一遇	
			洪峰流量 / (m³·s⁻¹)	洪水总量 / m³	洪峰流量 / (m³·s⁻¹)	洪水总量 / m³	洪峰流量 / (m³·s⁻¹)	洪水总量 / m³
灌区	154.860	57.35	275.06	81.35	444.79	140	660.30	241.62
合计	216.792	80.95	385.99	316 269.40	635.28	626 850	918.87	963 362.60

（四）水文地质条件

盐池县主要河流有黄河及其支流等。黄河为盐池县最大的河流，在该县西北部由西南向东北穿越而过，也是盐环定扬黄工程的水源，县内发育两条支流，一条是西部的清水河，一条为由东南向西北穿越工程区中部的苦水河。

除惠安堡镇水系属苦水河水系外，其余均属内流区水系。地表大部分为平沙、半固定沙丘或流动沙丘，沟渠不发育，一般的降水迅速入渗，基本不产生地表径流，偶遇大暴雨产流也不多，只形成短小的地表径流，很快汇入洼地。地表水矿化度高，含氟量也相对较高，其他主要物质 Cl^-、SO_4^{2-} 等均超标。

地表水除黄河外，水质较差，且经常干枯，不能饮用。

根据地层岩性及地下水的赋存形式，地下水大致可划分为两大含水岩组，即第四系孔隙潜水含水岩组和第三系及其以前时代岩石基岩裂隙含水岩组。

1. 第四系孔隙潜水含水岩组

其岩性为松散的砂砾石层、风积沙层及黄土类土层。工程区内第四系松散沉积物分布广泛，但厚度不大，堆积厚度随地形地貌的不同而有所区别，绝大部分梁岗地区仅1～4 m，在少数坳谷、洼地内的个别地段堆积厚度较大。第四系孔隙潜水含水岩组在整个工程区皆有分布，根据地貌单元、地层岩性及富水性的不同，可以将工程区划分为四个区，即河流阶地区、黄河冲洪积平原区、低缓丘陵梁岗区和黄土侵蚀丘陵区。

2. 第三系及其以前时代岩石基岩裂隙含水岩组

第三系及其以前时代地层岩性为各种不同粒度的砂岩层、砾岩层，地下水赋存于砂岩、粉砂质泥岩的裂隙及风化层中，接受上覆第四系松散层孔隙水补给或裸露基岩接受大气降水补给，并向河谷排泄，浅表部水量小，一般出水点流量0.02～0.1 L/s，矿化度2.8～3.6 g/L，水化学类型为SO_4^{2-}－Cl^-－Mg^{2+}－Na^+型水。深层裂隙水则水量相对较大，矿化度为1～1.75 g/L，水化学类型为Cl^-－SO_4^{2-}－Na^+型水，单井出水量80～100 m^3/d。

（五）水资源状况

盐池县多年平均降水量12.78亿 m^3，多年平均地表水资源量1 452万 m^3。多年平均地下水总补给量3 412.4万 m^3，地下水资源量3 313.8万 m^3。盐池县受水区地下水资源的可开采量为1 892.6万 m^3，水资源总量为4 765.8万 m^3，详见表4-3。

由于当地部分水资源存在严重的水质问题，故在计算当地可利用水资源量时，应对可利用水资源量在地表水、地下水水质评价工作基础上按生态标准、农业灌溉标准、畜饮标准及人饮标准进行分类。盐池县水资源总量详见表4-4。

表4-3　盐池县水资源总量统计表

乡镇	地表水资源量 / 万 m^3	地下水资源量 / 万 m^3	水资源总量 / 万 m^3
花马池镇	230.2	1 204.1	1 434.3
高沙窝镇	278.5	516.9	795.4
大水坑镇	169.1	188.7	357.8
惠安堡镇	153.6	258.7	412.3
王乐井乡	134.1	243.6	377.7
冯记沟乡	249.1	285.2	534.3
青山乡	237.4	616.6	854.0
合计	1 452.0	3 313.8	4 765.8

表 4-4　盐池县水资源可利用量及分类表

单位：万 m³

乡镇	可利用水资源量					备注
	可利用水资源总量	符合生态要求部分	符合农业灌溉部分	符合畜饮部分	符合人饮部分	
花马池镇	698.5	698.5	349.3	226.0	226.0	
高沙窝镇	306.1	306.1	91.8	18.4	5.5	
大水坑镇	114.6	114.6	34.4	6.9	2.1	
惠安堡镇	133.9	133.9	40.2	8.0	2.4	均为地下水
王乐井乡	133.4	133.4	26.7	5.3	1.6	
冯记沟乡	158.6	158.6	39.7	7.9	2.4	
青山乡	347.5	347.5	69.5	13.9	4.2	
合计	1 892.6	1 892.6	651.5	286.4	244.1	

二、红寺堡扬水工程

（一）地理位置

红寺堡灌区位于宁夏中部的大罗山山麓，介于东经105°45′～106°31′、北纬37°10′～37°29′，西起中宁县恩和镇鞑子沟，东至同心县韦州镇苦水河东，北到灵武市臭马子井，南到同心县新庄集乡张家台。

（二）气候

红寺堡灌区具有典型的大陆性气候特征，干旱少雨，蒸发强烈，风大沙多。多年平均降水量251 mm，降水年内分配很不均匀，多集中在6—9月，占全年降水量的72.4%，而作物生长需水量最多的4—6月，降水量只有60.3 mm，仅占24%。降水量年际变化很大，最大年降水量是最小年降水量的3倍左右。灌区多年平均蒸发量2 387.6 mm，为降水量的9倍。多年平均气温8.7 ℃，极端最低气温 −27.3 ℃，极端最高气温38.5 ℃，多年平均气温日较差13.7 ℃。全年≥10 ℃有效积温2 963.1℃。年日照时数2 900~3 055 h。无霜期165~183 d。多年平均风速 2.9~3.7 m/s，最大风速21 m/s，多为西北风。冬季起风时间居多，且常伴有沙暴。自然灾害主要是干旱，霜冻、风沙也产生程度不同的灾害。

（三）地形、地貌

红寺堡灌区西邻清水河，东至苦水河，南界烟筒山，北与黄河冲积平原相连。地势东南高，西北低，最高海拔1 550 m，一般1 200~1 450 m，中部的红寺堡区1 340 m，黄河河床最低为1 191 m。灌区大部分为冲积平原和山前洪积倾斜平原，地形平坦，山洪沟道比较发育。

区域地貌分为六种类型。灵盐台地：主要分布于甜水河以北，苦水河两岸河谷平原之上，多为非灌溉区。红柳沟下游红岩丘陵：属牛首山红岩丘陵的南延部分，分布于海子塘西北部的石喇叭和麻黄沟中下游两侧，海拔1 300~1 400 m。红寺堡盆地：处于烟筒山、牛首山和大罗山之间，分布于红寺堡区中部，是三干渠下段以及海子塘和新庄集支线泵站控制的灌区范围，海拔1 330~1 550 m，由东南向西北倾斜，地形平坦，集中连片，是红寺堡灌区中的主要部分。烟筒山东黄土丘陵：主要分布在碱井子沟以西，海拔1 300~1 400 m，地表波状起伏，是三干渠上段及新圈支线泵站控制的灌区范围。烟筒山北洪积平原：位于麻黄沟以东，中宁黄河冲积平原和烟筒山山地之间，是红寺堡扬水一、二干渠控制的灌区范围。苦水河河谷平原：分布于苦水河、甜水河两岸阶地，包括韦州、水套、孙家滩等地，地势平坦，土质好。

（四）成土母质

灌区主要土壤类型为灰钙土、新积土、风沙土和草甸盐土。灌区主要成土母质有洪积母质、冲积母质、风积母质和红土母质。洪积母质和冲积母质为流水搬运沉积的物质，沉积层次明显，质地不一，多为沙土、砂壤土，少量为轻壤土、中壤土，灌区此类成土母质分布较广，与灌区其他成土母质比较，有机质含量较高。风积母质是风力搬运堆积而成的细沙物质，细沙（粒径0.05~0.25 mm）含量90%左右，主要分布在臭马井子、鲁家窑西南和西川子。红土母质是第三纪形成的一种地层，是黄土被侵蚀后红土露出地表，对表层土壤属性产生影响。红土为红棕色，质地为黏土，棱块状结构，坚实，空隙极少，可见明显的石膏晶体，有机质含量很低，盐分含量较高。

（五）水文地质

根据区域的地形地貌和地层岩性，可将灌区含水层分为两类。

1. 上部的松散层第四系孔隙水含水层

上部的松散层第四系孔隙水含水层分为三个水文地质区域。

烟筒山洪积扇区：分布于烟筒山北麓及东北麓的洪积扇上，即一、二干渠及三干渠前段经过的地区。此区地下水埋深扇顶40m，扇底20~30m，含水层主要为萨拉乌苏组中的碎石、角砾、砂土层和分布于山洪沟当中的碎石、角砾、砂土层。山洪沟地下水埋深2.0~4.6m，含水层厚度0.64~2.86m，出水量7~13m³/d。靠近山前部分（沟上游）矿化度0.09~0.63g/L，表现为SO_4-HCO_3-Na-Ca型水及SO_4-HCO_3-Na-Mg型水。靠近扇底（沟下游）水质变坏，矿化度1.43~5.50g/L，表现为SO_4-Cl-Na-Mg型水。此区地下水主要靠烟筒山基岩裂隙水及大气降水补给，地下水（潜水）基本沿洪积扇底部流动，地下水排泄主要为地面蒸发及向邻区排泄。此区潜水涌水量很小，无开采价值。

红寺堡盆地区：潜水埋深10~15m，局部埋深1.7~2.8m，潜水含水层主要为盆地下部的砾石层及砂壤土层。该区地下水主要靠罗山、烟筒山基岩裂隙水、山前洪积扇潜水及大气降水补给。

大罗山洪积扇区：主要分布于大罗山西、北、东三个方向的洪积扇上，该区地下水主要靠大罗山基岩裂隙水及大气降水补给。东西部洪积扇含水层透水性较弱，北部洪积扇为富水区，含水层厚度10~40m，地下水埋深小于20m，单井出水量50~100m³/d，矿化度0.8~4.0g/L。

2. 下部的N1h、N2g中的基岩裂隙水和孔隙水含水层

含水层以泥质岩类为主，砂岩、砾岩分布较少，含水层透水性较弱，含水层厚度10~40m，出水量20~160m³/d，矿化度3~13g/L，地下水类型属Cl-SO_4-Na-Mg型水和Cl-SO_4-Na型水，水质较差，无开采利用价值。

以上水文地质区域中，两个洪积扇含水层的构成相似，且地下水埋深大，包气带及含水层透水性弱，灌区形成后地下水排泄畅通，地下水水位不会有明显上升；红寺堡盆地是一个三面环山的半开启盆地，且由于构造活动在盆地内

形成了许多封闭的小盆地，其下的 N1h 泥质岩类构成隔水层，其上的潜水流动缓慢，径流不畅，具有发生土壤次生盐渍化的条件。

（六）水资源概况

1. 河流

红寺堡灌区内主河流是苦水河、红柳沟，还有7条较大的间歇性山洪沟道。苦水河起源于甘肃省环县，流经红寺堡灌区东部边缘，在灵武市新华桥入黄河，全长224 km，流域面积5 218 km^2（宁夏境内4 972 km^2），多年平均径流量2 563万 m^3，河水含盐量4.5 g/L 左右，水质条件较差，不符合灌溉和人、畜饮水标准。红柳沟发源于同心县小罗山，沿红寺堡灌区中部由东南流向西北，在中宁县鸣沙乡入黄河，全长103.5 km，平均比降4.16‰。红柳沟集水面积1 064 km^2，年径流量958万 m^3，河水含盐量4.5 g/L 左右，水质条件较差，不符合灌溉和人、畜饮水标准。清水河是固海扩灌区的一条主要河流，属黄河一级支流，发源于原州区开城镇，由南向北纵贯全灌区，在中宁县泉眼山汇入黄河，全长320 km，河道平均比降1.49‰。清水河流域面积14 481 km^2（宁夏境内13 511 km^2），多年平均径流量2.16亿 m^3（宁夏境内2.02亿 m^3），输沙模数3 410 t/（km^2·a），年输沙量4 940万 t，河水含盐量3.6~5.1 g/L，水质条件较差，不符合灌溉和人、蓄饮水标准。

2. 地下水

红寺堡灌区分属两个水文地质单元，即红寺堡盆地和下马关—韦州盆地，分水岭在海子塘。地下水埋深10~100 m，储量有限，开采困难。

固海扩灌区地下水主要分布在固原原州区境内，为第四系孔隙潜水和承压水，主要含水层埋深150~200 m，水资源总量0.38亿 m^3，含盐量小于3 g/L，易于开采的地下水0.15亿 m^3。含盐量大于3 g/L 者主要分布在七营、黑城和黄铎堡等地，为苦咸区。另外，在海原、同心和中宁等规划区内，地下水储量小，矿化度高达4.5~25 g/L，水质苦咸，难以利用。

三、固海扬黄工程

（一）地理位置

固海扬黄灌区介于东经105°53′～106°11′、北纬36°10′～37°10′，位于宁夏中南部清水河流域的河谷川塬上，地跨固原市原州区、吴忠市同心县和中卫市海原县、中宁县三县一区，呈南北向条状分布，北起中宁县长山头乡，南至原州区头营镇，南北长约180 km，东西平均宽约11 km，海拔1 230～1 600 m。

（二）气候

灌区地处内陆，属于中温带干旱半干旱区域，东南季风影响甚微，具有明显的大陆性气候特征，主要特点是光热资源丰富、干旱少雨、蒸发强烈、风大沙多。

多年平均气温7.4～8.4 ℃，最冷1月平均气温 −8.1～−8.5 ℃，最热7月平均气温20.7～22.7 ℃。极端最低气温 −28.1 ℃，极端最高气温37.9 ℃，全年≥10 ℃的有效积温2 762～3 150 ℃，年日照时数2 818～3 055 h，全年日照百分率57%～69%。初霜期9月初至10月上旬，终霜期4月上旬至5月上旬，无霜期135～184 d。

多年平均降水量200～405 mm，降水年内分布很不均衡，多集中在7—9月，占全年降水量的62%，作物生长期（4—6月）降水量占24%。降水年际变化很大，最大年降水量是最小年降水量的3倍左右。降水量的空间分布也很不均匀，由南部原州区的405 mm递减至北部中宁县的200 mm。

多年平均蒸发量1 753～2 300 mm，为降水量的4.3～8.8倍，4—6月的蒸发量为同期降水量的7.5～14.0倍。年干燥度在1.60～3.34。

多年平均风速2.9～3.0 m/s，多为西北风。作物播种着苗期4—5月，月平均风速3.7～3.8 m/s，严重影响作物着苗。冬季起风居多，且常伴有沙暴。年大风发生日数21～29 d，8级以上大风每年发生6～10次，沙暴每年4～15 d。

（三）地形、地貌

地形以清水河冲积平原为主，地势南高北低，并由东西两侧向中部倾斜，地面平均坡度南北约1/230，东西约1/100。地貌大致分为三种。

1. 黄河台地及剥蚀残丘

主要分布于中宁县泉眼山、轿子山一带二级冲洪积阶地。

2. 黄土低缓丘陵

位于清水河冲积平原两翼，分布于海原县石峡口南北一带，黄土层质地均匀，水土流失严重，垂直于清水河流向的山洪沟道比较发育，山洪沟侵蚀较大的地区，地形比较破碎。

3. 清水河冲积平原

包括河床、河漫滩和阶地等地貌单元。由于清水河的不断下切，冲积平原形成明显的三级阶地，河漫滩与一级阶地相连接；一、二级阶地以陡坡连接，在三营、李旺等地比较明显；二、三级阶地由于人为耕作以缓坡连接，在原州区、海原县境内比较明显。其中二级阶地是构成清水河冲积平原的主体，为主要灌溉地区。

（四）成土母质

成土母质主要为洪积物、冲积物，部分地区也有黄土和风积物，主要土壤类型有新积土、黄绵土、灰钙土、黑垆土、红黏土、风沙土、潮土、盐土等。

（五）水资源概况

灌区内山洪沟道众多，地面径流量十分贫乏，山洪沟平时干枯无水，7—9月洪水集中，暴涨暴落，水土流失严重。灌区最大的一条河流是清水河，系黄河一级支流，发源于原州区开城镇，流经原州区、海原县、同心县，至中宁县泉眼山汇入黄河。其主要支流西侧有冬至河、苋麻河、西河、金鸡儿沟、长沙河6条，东侧有双井子沟、折死沟2条。清水河从上游到下游，随着各个支流的不断汇入，水质矿化度由低到高，平均范围在3.6~5.1 g/L。其中尤以苋麻河、西河、金鸡儿沟、长沙河为高，分别为5.5 g/L、5.2 g/L、8.6 g/L、7.7 g/L，河水不能饮用，也不适合农业灌溉。

1. 地表水

灌区年降水量200~350 mm，降水量由北向南递增，年内分布不均，降水集中在7—9月，占全年降水量的65%。灌区降水量很少，作物生长期（3—10月）大于5 mm的可利用降水量很少。灌区内地表径流十分贫乏，境内清水河多年平均径流量1.3亿 m³，常流水量仅占年降水量的四分之一，除上游利用外，仅剩0.3亿 m³，但水质苦咸，矿化度高达5~10 g/L，无法利用。灌区内的山洪沟绝大部分平时干涸无水，汛期洪水集中，暴涨暴落，造成严重的水土流失，没有开发利用价值。虽有少数沟道平时也有一点水流，但水质仍然苦咸，无法利用。

2. 地下水

灌区内地下水埋深40~150 m，储量小，矿化度高达4.5~25 g/L，无法开采利用，清水河流域的浅层地下水资源量为0.641亿 m³，冲积平原的浅层地下水资源量为0.316亿 m³。

3. 黄河水

过境黄河水是灌区内唯一的供水水源。黄河水质好，矿化度0.3~0.76 g/L，pH值7.5~8.4，硬度10.1~21.3度，多年平均含沙量4.7~6.21 kg/m³，最大日含沙量320 kg/m³。在宁夏利用黄河水资源40亿 m³计划中，固海扬黄灌区可利用3.5亿 m³。

第二节　黄河初始水权分配情况

一、宁夏扬黄灌区引水权及耗水指标分配情况

在进行宁夏黄河干流初始水权分配时，根据黄河来水情况，对各扬黄灌区引水权和耗水量指标进行了分配，结果详见表4-5。

表4-5　不同频率年宁夏扬黄灌区引水权及耗水量指标分配表

单位：亿 m³

灌区	多年平均		95% 降水频率		75% 降水频率		50% 降水频率		25% 降水频率	
	引水	耗水	引水	耗水	引水	耗水	引水	耗水	引水	耗水
固海扬黄灌区	3.45	1.63	2.37	1.12	3.09	1.46	3.45	1.63	4.11	1.94
盐环定扬黄灌区	1.58	0.94	1.08	0.65	1.41	0.84	1.58	0.94	1.88	1.12
红寺堡灌区	5.17	3.21	3.55	2.21	4.63	2.88	5.17	3.21	6.16	3.82
陶乐扬黄灌区	0.78	0.47	0.54	0.32	0.70	0.42	0.78	0.47	0.93	0.56
合计	10.98	6.25	7.54	4.30	9.83	5.60	10.98	6.25	13.08	7.44

二、宁夏扬黄灌区各市、县、区初始水权分配情况

在进行宁夏黄河干流初始水权分配时，根据现状用水和已经取得的取水权等情况，对扬黄灌区各市、县、区的初始水权进行了分配，结果详见表4-6。

表4-6　宁夏扬黄灌区各市、县、区黄河初始水权分配表

单位：亿 m³

市	县（市、区）	扬黄水量
石嘴山市	平罗县	0.315
银川市	银川市	0.155
吴忠市	红寺堡区	1.617
	盐池县	0.300
	同心县	1.117

市	县（市、区）	扬黄水量
	中卫市	0.109
中卫市	中宁县	0.794
	海原县	0.344
固原市	原州区	0.789
农垦系统		0.300
全区合计		5.840

第三节　水资源开发利用现状

一、盐环定扬黄工程

盐池县共有水库16座（其中中型水库1座、小型水库15座）、容积7 764.90万 m³，塘坝76座，集雨场2.07万处、面积134.05 hm²，水窖2.07万口、容积37.47万 m³，蓄水池56座、容积0.78万 m³，当地人饮解困工程38处（扬黄专用工程除外），提水井及机电井3 855眼，人饮井2 121眼，灌区1.34万 hm²（其中扬黄灌区0.97万 hm²）。

另外，按照盐池县生态建设布局及当地井灌区规划，盐池县受水区的用水情况如下：

灌区内防风林建设生态用水已在灌区用水中考虑。

灌区周边生态防护面积333 hm²，按750 m³/hm²考虑，合计生态用地下水25万 m³。

城镇周边生态防护面积133 hm²，按750 m³/hm²考虑，合计生态用地下水10万 m³。

荒漠化、水土流失治理等，用地下水约300万 m³。

受水区现有井灌区面积约3 640 hm²，其中采用低压管灌的面积约1 580 hm²，占井灌区总面积的43.41%；采用喷灌的面积为370 hm²，占井灌区总面积的10.16%；采用小畦灌的面积为1 690 hm²，占井灌区总面积的46.43%。井灌区以种植牧草、经果林为主。井灌区生态用水面积约3 640 hm²，现状灌溉定额为5 400 m³/亩，灌水用量为1 968万 m³；通过种植结构调整，参考类似灌区灌溉定额，井灌区灌溉定额取2 700 m³/hm²，合计用地下水1 090.38万 m³。

因此，考虑当地水资源主要用于生态环境建设和井灌区用水，本次规划只考虑人饮工程一期、2000年前工程和骆驼井水源地等供水工程在受水区内的可供水量276.07万 m³（当地水利用量共计1 701.45万 m³，占可开采量1 892.60万 m³的90%。这主要是由于现状利用的当地水中有一部分水不符合人畜饮水的水质要求，同时存在工程老化而无法利用的问题），详见表4-7。

表4-7　盐池县可供水量表

单位：万 m³

地名	供水量			
	骆驼井水源地	2000 年前工程	人饮工程一期	合计
花马池镇	226.00	12.35	12.25	250.60
高沙窝镇		4.03	6.24	10.27
王乐井乡		3.90		3.90
青山乡			5.56	5.56
冯记沟乡				
惠安堡镇				
大水坑镇		1.00	4.74	5.74
合计	226.00	21.28	28.79	276.07

扬黄水：盐环定扬黄工程黎明泵站、黎明干渠从项目区经过，黎明泵站复核流量2.59 m³/s，供水时间173 d，每天供水22 h，可供水量3 549万 m³/年，目

前控制灌溉面积10.56万亩。

煤矿矿井水：盐池县冯记沟煤矿是县级最大的工业企业，年产原煤10万 t，地下水日出水量5 000 m³，可作为工业用水。

二、红寺堡扬水工程

红寺堡灌区主要由苦水河与红柳沟两条支流控制。区域内多年平均降水量251 mm，98%左右蒸发消耗，平均径流深3~10 mm，灌区中部平均为5 mm。降雨形成的地表径流475万 m³，多集中在汛期以洪水出现，平均矿化度4.0~4.5g/L。地下水补给模数小于10 000 m³/km²，形成的浅层地下水资源量仅有150万 m³，主要分布在罗山东麓倾斜平原。红寺堡灌区内两条常年存在径流的河流，流量小、水质差，难以利用。且灌区地处宁夏中部干旱带，降水量稀少，无水库灌溉。地下水埋藏较深，储量少，也无井灌，灌区依靠黄河水保证农业灌溉。

固海扩灌区地处清水河中下游，多年平均径流量0.73亿 m³，其中常流水只占44.6%，大部分为雨洪径流。地下水资源主要分布在原州区境内，约0.38亿 m³，可利用量0.15亿 m³，且水质含盐量高，灌溉造成土壤盐碱化严重，近年利用黄河水与井水结合灌溉，盐碱化程度得到大大改善。灌区内原有大中型水库5座、小型水库13座，总库容6.56亿 m³。这些水库大部分已使用20~30年，已淤积5.5亿 m³，年平均蓄水量只有500万 m³，灌区内有引水工程2处，引水干渠总长95 km，实际上已无水可灌。灌区内现有机井218眼，井灌面积2 730 hm²。

红寺堡扬水工程筹建处负责管理红寺堡、固海扩灌两片扬水灌区的水利骨干工程及灌溉供水。红寺堡灌区负责黄河泵站、1~5泵站，新庄集1~4支泵站、新圈1~2支泵站、海子塘1~2支泵站及102 km扬水干渠、12 km支干渠的运行维护、输水调度及干渠直开口的供水服务等管理工作，从中卫市中宁县黄河或高干渠取水至吴忠市红寺堡区，最终至同心县韦州镇和下马关镇，控制灌溉面积3.67万 hm²；固海扩灌区分为东西线两部分，一部分位于清水河东岸，另一部分位于清水河西岸，控制灌溉面积1.67万 hm²。灌区总控制面积5.34万 hm²，干渠长度279.6km，主泵站12座，两大扬水工程设计输水5.17亿 m³。截至目前，已代管骨干泵站18座、支泵站8座、扬水干渠267 km。

三、固海扬黄工程

固海扬黄灌区总土地面积7.38万 hm²，居民点及其他占地4 630 hm²，水域4 380 hm²，灌区灌溉面积4.15万 hm²（含林、草面积）。

固海扬黄灌区根据水源可划分为直接从黄河取水的原固海扬水灌区及从卫宁灌区七星渠取水的同心扬水灌区两部分，同心扬水灌区于1978年建成，原固海扬水灌区于1986年建成。后经宁夏水利厅报请自治区政府批准将两灌区合并为现固海扬黄灌区。

第四节　水资源开发利用中存在的问题

一、盐环定扬黄工程

1. 运行中存在的主要问题

盐环定扬黄工程由于主干渠布置在缓坡丘陵地带，傍山渠道较多，但设计时未考虑对泵站和干渠沿线的坡积水进行处理，致使泵站受淹、洪水入渠，造成渠道淤积或被冲垮。

盐环定扬黄干渠地处宁夏东部干旱风沙带，建设时未考虑防风固沙措施，致使每年冬春季节都有大量风沙入渠，需要花费大量的人力、物力和财力清沙。由于渠床原状土是风积沙，渠道行水及两岸灌溉后，地下水水位上升，渠道两侧向渠内渗水造成渠道砌护混凝土板滑塌或变形。

盐环定扬黄7座泵站主厂房地基岩性为第三系黏土岩或砂岩，为相对隔水层，由于排水不畅，地下水水位上升较快，造成主厂房底板大面积渗水，且日趋严重。

盐环定扬黄共用工程由于建设较早，止水橡皮老化致使渗水。7座泵站的部分压力管道表面裂缝、露筋致使钢筋锈蚀膨胀、保护层脱落，空鼓严重，个别管道钢接头漏水。部分机电设备、通信设施老化、破损，原设计缺少自动化监控系统，影响工程正常运行，需完善配套设施。

宁夏专用工程由于资金筹措困难，建设标准低，工程在灌区配套、干渠防洪、干渠防风沙、工程防腐蚀、灌区调度通信和自动化管理等诸多方面存在很大的不足，严重影响工程效益的发挥。

2. 管理中存在的问题

运行管理经费筹措困难：共用工程投入运行以来，每年水费收入仅170万元，只能满足电费支出。共用工程运行管理经费应该由三省（区）合理分摊，但得不到落实，实际上一直由宁夏全部承担，宁夏财政负担日益加重。

工程运行管理协调难度大：共用工程投入运行后成立了三省（区）灌区工程管理委员会，制定了灌区管理办法，但由于缺乏有效的协调机制，涉及三省（区）共用工程运行管理经费合理分摊等实质性问题一直得不到有效解决。

共用工程遗留问题多：盐环定扬黄工程是20世纪80年代初提出并建设的，限于当时的社会经济条件，工程防洪、防渗（腐）、防风固沙等配套标准低，通信设备和部分机电设备已严重老化，影响工程安全运行，管理难度逐渐加大。

水价不到位，运行管理困难：扬程高、梯级多、渠线长、能耗大、运行费用高、资金自给率低是灌区的突出问题。由于宁夏特殊的区情，现行水价远远低于供水成本价格，扬水管理单位收取的水费根本无法维持简单再生产。运行成本高、资金缺口大，严重制约了灌区的正常运行。

电价过高，入不敷出，仅电费支出一项就与水费收入出现"倒挂"现象。对此高额的电费支出，水管部门无力支付，若工程无法正常开机上水，将严重影响灌区的农业生产和社会稳定。

3. 土壤次生盐渍化问题

工程区内地下水的蒸发量远大于降水量，中北部多出现低洼地形，且排水不畅，地层结构为表层较薄的第四系松散层，下伏相对不透水且含盐分偏高的黏土岩层或泥质粉砂岩层，在大水量灌溉以及渠道长期渗水的情况下，造成局部地下水水位抬高，导致局部出现土壤次生盐渍化。而已建排水沟的灌区存在工程建设标准不高，沟道密度不够，排水效果有限，对改良盐碱地作用不大。

部分灌区因沟道塌坡淤积严重，配套建筑物老化失修，沟道较浅，不能有效地排水，也起不到改良盐碱地作用。

4. 种植结构不合理，节水技术推广不够，浪费水严重

灌区普遍为沙质土壤，渗漏量大，灌溉用水多，粮食种植面积大，高峰期用水矛盾突出。扬黄灌区大多位于荒漠区，土质差，熟化速度慢，节水技术推广不够，导致用水量大，影响了有限水资源的利用效率和效益，增加了扬水工程运行负担。

5. 工程渗漏水对当地的影响

盐环定扬黄工程渠系管网在引水的同时，会发生渗漏损失，灌溉用水利用系数为0.69，生活、工业用水利用系数为0.77，近七成的渗漏损失是灌溉用水引起的，灌溉渠系工程和灌区内的渗漏、排水损失是水量渗漏损失的主要组成部分。惠安堡灌区：分惠安堡、南梁等8个灌区，惠安堡灌区可利用其北部的低洼地和西北方向的大碱池作为承泄区，其他各灌区可以苦水河及其支流作为骨干排水出路，而且距离短、条件好。马儿庄灌区、李家坝灌区：利用灌区中部槽形地形集中排出灌区后顺冲沟引至灌区东南的大碱池，距离约3.5 km。苏家场灌区：利用自然地形将水引至灌区之外的低洼地。青山灌区：排水较难，但灌区面积小，水量少，可利用当地荒地作为承泄区。冯记沟灌区：除三道井、双庄坑灌区排水较难外，其他灌区不存在问题。前两片小灌区的排水问题可在当地解决。王乐井、鸦儿沟灌区：该灌区地势较高，可利用下部低洼荒滩作为承泄区。城郊灌区：该灌区地势高，位于城西井灌区之上，排水直接进入井灌区，可以灌代排，作为井灌区的补充水源。

6. 农业灌溉排水对当地的影响

盐池灌区土壤母质盐分含量很小，均小于0.1%，据对灌区土壤盐分含量分析预测，在灌溉后土壤盐分累积达到作物耐盐极限0.2%（全盐量）时需10～15年，届时可加大灌溉定额冲洗盐分，开沟排水降低地下水水位。并且灌区都建在高差较大的坡地或相对较高的台地上，灌区下游均有较低的洼地或沟道，灌区与下游地面的高差均在十几米到几十米，具备排水条件。另外，受水区实行舍饲圈养，农家肥代替化肥，可以改良土壤盐分及养分状况。目前因为一期工

程正在建设中，未安排相应的排水设施，少数灌区内出现了土壤次生盐渍化现象，但面积、范围尚未扩大，在实施适当的排水措施后，次生盐渍化问题将得以解决。

二、红寺堡扬水工程

1. 灌溉技术粗放，水利配套设施不完善

灌区水利配套设施不完善，部分渠道已被风沙侵蚀、破坏。同时，工程维修不及时，逐年老化，灌区毛渠未衬砌，移民旱作农业耕作观念根深蒂固，大水漫灌，粗放经营，种植结构单一，用水高峰期水量供不应求，争水抢水现象时有发生，再加上土地不够平整，畦块偏大，灌水技术粗放，存在漫灌串灌现象，灌水浪费严重。随着灌区人口的增长、工业的发展以及城镇规模的扩大，灌区用水量大大增加，用水矛盾日趋严重。

2. 防洪设施不完善

红寺堡灌区地形差异较大，山洪灾害频繁，防治山洪灾害的护岸堤防工程不完善、标准低，威胁灌区的交通安全和群众生命财产安全。此外，年内降雨多集中在7—9月，降雨多以暴雨形式出现，历时短、局地性强，一般不超过12 h，24 h最大降雨量50～100 mm，极易形成洪水，山洪灾害严重威胁着灌区人民生命财产安全。

3. 土壤盐渍化问题

2002年由宁夏扶贫扬黄灌溉工程建设总指挥部投资，在太阳山镇沙泉村（红三干32-1支的7斗、8斗）修建了一条长2.3 km的排水沟，排水沟建成以后，该村居民点的水位平均下降1.2 m，对缓解土壤盐渍化起到一定作用，但是因跨度大、密度小，仍未从根本上解决该村的盐渍化问题。2003年排水沟以上区域的4斗、5斗、6斗120 hm²土地又出现了盐渍化问题。

4. 新庄集系统存在供水能力不足问题

至2020年，新庄集设计灌溉面积1.25万 hm²，而实际灌溉面积1.51万 hm²，由于实际灌溉面积大于设计灌溉面积，各支干渠跨洪沟的倒虹、渡槽等建筑物供水

能力不足，使该灌域的灌水难问题非常突出。

三、固海扬黄工程

1. 湿陷性黄土危害渠道输水安全

固海扬黄工程建在湿陷性黄土地区，渠道通过防渗衬砌措施，减少渠水渗漏，防止湿陷性黄土含水量达到饱和含水量，从而起到防止黄土湿陷的作用。经过20年左右的运行，不少渠段出现了不同程度的沉陷变形及混凝土衬砌板滑塌等损坏，排洪涵洞出现裂缝，整体失稳。出现上述现象的原因有施工质量上的问题，有衬砌断面结构上需进一步改进和加强的问题，也有维修资金缺少而失修等问题，但最主要的原因是黄土湿陷。这种渠段累计近100 km，涉及排洪涵洞40座。上述问题导致渠道渗漏严重，这不仅造成水量、能量的损失，而且渠道行水安全失去保障。

2. 渠道及水工建筑物老化、损坏、失修严重

固海扬黄工程途经湿陷性黄土地带，受当时设计、施工以及经济等条件的限制，工程标准相对较低，经过近30年的运行，沉陷变形问题十分突出，加之工程老化、失修严重，渠道滑坡、鼓肚、混凝土板风化，建筑物钢筋锈蚀、保护层脱落、裂缝、倾斜、渗漏，混凝土压力管道爆管等问题日益严重，工程带病带险运行，渠道供水极不安全。

经统计，有40座涵洞出现沉陷裂缝，整体失稳，占涵洞总数的36%；72座输水渡槽中，有55座渡槽不同程度地存在裂缝、漏筋、风化等问题；有8.9 km混凝土压力管道已老化，因混凝土剥蚀，渗漏水严重，占混凝土管道总长的27.8%；有50%近150 km输水干渠沉陷、老化变形严重；还有部分斗口老化损坏严重。渠道沉陷、衬砌板滑塌，渠道过水能力减小，尤其是固海五干渠和东一支干渠输水能力下降了20%，每年用水高峰期，渠道超警戒水位运行，仍无法满足下游泵站抽水需求，"卡脖子"情况突出，严重影响着固海五干渠下游6座泵站、东一支干渠下游2座泵站的正常运行和下游近2.67万 hm² 农田的正常灌溉，并且干渠长期在警戒水位运行，严重威胁着工程的安全运行。

3. 机电设备老化严重

70% 水泵过水流道磨蚀破损，高压区两侧与减重孔穿通，几何尺寸改变，部分泵体出现穿孔；70% 电动机定子线圈绝缘严重老化，绝缘阻值下降，线圈绝缘击穿，匝间、相间短路，烧毁电动机定子线圈事故时有发生；60% 出水阀门铜密封圈冲刷脱落，并联机组在单台机运行时，停运机组回漏水严重；系统使用的 SN 型少油断路器属国家明令淘汰产品，长期运行，机构磨损，动作可靠性下降，且零配件购买困难；50% 变压器绝缘老化，铁芯变形，运行中铜损、铁损增加，出力减小，带病运行现象突出；60% 压力钢管锈蚀、磨损严重，又管焊缝频繁出现撕裂漏水；80% 电力电缆铠甲锈蚀、破损，绝缘性能下降，断裂、爆炸事故频发；附属设备老化破损，维修工作量大，且难以满足正常工作需求。

4. 防洪设施不完善

固海扬黄工程80% 渠道傍山修建，途经之处沟壑纵横，由于工程建设时期防洪设施建设标准低，工程交付使用后，又因管理单位资金短缺，防汛安全问题始终没有得到根本解决，影响扬黄工程的正常运行。主要表现在傍山填方渠段，洪水蓄积在渠堤外，轻则浸泡渠基，重则漫顶入渠；傍山挖方渠段，坡积水直入渠道，冲刷、淤积渠道；部分渡槽、渠涵、沟涵下游消能防冲设施不健全，冲刷严重；泵站厂区位置低洼，排水不畅；部分沟道未得到有效治理，洪水威胁渠道、建筑物的安全；部分干渠无退水设施或退水设施不全；部分傍山渠道山体经常滑坡，堵塞渠道；部分沟涵、排洪槽、渠涵过洪能力不足，达不到应有的防洪设计标准；部分防洪（导流）堤、排洪槽、排洪涵洞等防洪设施老化失修、损坏严重，个别工程甚至失去作用，威胁渠道的安全运行。

5. 泵站厂房、管理房等基础设施破损严重

23座泵站主副厂房屋面漏雨严重，占厂房屋面面积的90%以上，尤以古城、大柳木、新黑水沟等泵站严重。18座泵站管理房存在屋面漏雨、墙体裂缝等问题，占管理房建筑面积的80%以上，尤以长山头、白府都、大柳木、龙湾等泵站严重。

6. 管理方法落后

水利工程是公益性极强的国民经济和社会发展的基础设施，具有投资规模大、建设周期长、投资回报慢、财务收益率低、社会筹资难等特点，长期以来

由于建设与管理资金投入不足、缺乏稳定的投入保障机制、管理体制落后、水价不到位等多方面的原因，渠道基础设施建设严重滞后于经济社会发展要求；镇、村级对水利管理工作抓得不紧，重建轻管的思想严重；灌区各级水管单位管理方法粗放，制度不健全，执法不严格；管水技术落后，传统的大水漫灌比较普遍，造成水资源及肥力浪费；缺乏节水灌溉知识的宣传，农民节水意识淡薄，先进的节水技术尚未得到全面推广。

同心扬水工程、固海扬黄工程运行了四五十年后，绝大部分机电设备超期"服役"，渠道等设施老化失修严重，致使工程安全隐患倍增，机电设备能耗增大，渠道输水能力下降，灌溉保证率降低。

因工程隐患的不断出现和渠道渗漏、跑冒等损失，干渠水利用系数和灌溉水利用系数下降。

第五章 宁夏中部干旱带
水资源评价及节水潜力分析

第一节 渠系衬砌情况

一、盐环定扬黄工程

盐环定扬黄工程的共用工程现有泵站12座，机泵101台（套），总装机容量6.59万 kW，110 kV 变电所6座、35 kV 变电所4座，干渠总长123.8 km，渠系建筑物126座。灌区输水方式为压力管道输水和渠道输水相结合，已建工程的干渠、支渠、斗渠、农渠均衬砌，干渠、支渠采用全断面混凝土板衬砌，斗渠全部采用混凝土板梯形或 U 形衬砌，农渠采用混凝土梯形衬砌，防渗效果明显。

盐环定扬黄工程位于宁夏盐池县、同心县，甘肃环县和陕西定边县。本研究包括三省（区）共用工程（输水总干渠）和宁夏专用工程（输水支干渠等）。

1. 共用工程

建设规模为从青铜峡东干渠引水11 m³/s，分配给宁夏7 m³/s，分配给陕西、甘肃各2 m³/s。建设内容为修建输水总干渠123.8 km，建设泵站12座，安装机泵101台（套），总装机容量6.59万 kW，总扬程372.65 m，建设渠系建筑物126座。建设35 kV 以上变电所10座，6 kV 以上输电线路164 km。规划开发灌溉面积2.14万 hm²，其中宁夏1.36万 hm²、陕西0.46万 hm²，甘肃0.32万 hm²；解决三省（区）38.6万人、132.3万只羊饮水问题。

2. 宁夏专用工程

宁夏专用工程建成扬黄泵站6座，总装机容量1.06万kW；修建输水干渠3条，总长64 km；支渠57条，总长165 km；建设10 kV以上输配电线路80 km，建设35 kV以上变电所3座；开发灌溉面积22.7万亩，其中盐池灌区19.3万亩，同心县韦州灌区1.89万亩；改善了灌区部分群众的饮水困难现状，55万亩土地沙化得到有效控制，生态环境得到极大改善，社会效益比较显著。

3. 田间工程配套

盐池灌区开发配套灌区39片，开发灌溉面积192 932亩，支渠长度205.448 km，斗渠长度380.622 km，农渠长度1 909.18 km。各灌区配套情况见表5-1。

4. 排水系统

扬黄灌区只有潘儿庄灌区、龚儿庄左岸灌区、马儿庄一支灌区有排水沟，其余无排水系统。

表5-1　盐池县配套工程基本情况一览表

乡镇	灌区名称	开发面积/亩	支渠长度/km	斗渠长度/km	农渠长度/km	备注
惠安堡镇	隰宁堡南灌区	7 500	9.26	14.830	83.30	1. 开发面积包括农作物种植面积和林地种植面积 2. 一期工程批复28片，实际开发28片；二期工程批复8片，实际开发13片
	隰宁堡北灌区	1 700	1.45	6.840	17.16	
	贾家圈灌区	16 706	11.83	37.860	145.60	
	大庄子灌区	8 066	6.40	15.140	69.96	
	南梁灌区	2 441	3.25	6.260	21.47	
	潘儿庄灌区	8 140	15.32	14.540	77.75	
	苦水井灌区	1 121	2.10	2.160	18.08	
	薛园子灌区	580	0.30	1.630	5.21	
	李家坝灌区	6 000	6.83	20.440	50.23	
	老盐池村苏记场灌区	3 075	5.37	3.680	31.83	
	陈记圈灌区	195	0	0.756	5.00	
	李家坝扩区	1 000	0	3.748	7.90	
	狼布掌灌区	10 000	3.60	15.357	78.84	
	姚沟塘灌区	9 500	3.85	15.540	66.74	

乡镇	灌区名称	开发面积/亩	支渠长度/km	斗渠长度/km	农渠长度/km	备注
冯记沟乡	三道井灌区	600	0	0	0	
	石井坑灌区	1 078	0.800	1.67	9.75	
	宋新庄灌区	2 300	2.330	4.73	19.46	
	龚儿庄右岸灌区	1 407	1.920	3.55	16.30	
	龚儿庄左岸灌区	1 700	3.880	0	27.02	
	马儿庄一、二支灌区	11 358	11.060	20.74	92.78	
	牛家口子灌区	602	1.000	1.67	5.50	1. 开发面积包括农作物种植面积和林地种植面积
	王记疙瘩灌区	277	0.290	1.07	2.70	
	杜窑沟灌区	640	0.550	1.31	6.31	
	余家梁灌区	710	0.690	1.26	5.55	
	丁记掌灌区	1 500	3.900	3.89	14.69	
	三墩子灌区	8 600	23.160	14.68	93.25	
	龚儿庄扩灌区	500	0	0.80	4.40	
花马镇	城西滩灌区	53 125	43.950	95.36	609.35	2. 一期工程批复28片,实际开发28片;二期工程批复8片,实际开发13片
	李毛庄灌区	4 500	5.178	10.41	34.81	
	上王庄灌区	1 500	0	2.34	18.52	
王乐井乡	王乐井灌区	14 900	24.860	35.27	154.70	
	官滩灌区	1 500	3.350	3.60	14.96	
	野湖井灌区	891	0	2.498	9.35	
青山乡	龙记湾灌区	523	0.600	1.5	4.45	
	常山子灌区	1 345	1.990	2.04	13.36	
	甘洼山灌区	352	0.970	1.03	7.91	
	张记圈灌区	1 000	0	2.60	10.23	
	旺四滩灌区	6 000	5.400	9.82	54.76	
总计		192 932	205.438	380.619	1 909.18	

二、红寺堡扬水工程

红寺堡灌区内水利工程规划有序、配套完善。灌区共布置泵站14座，扬水干渠5条，长97km，设计流量25 m³/s，支干渠9条，总长181.42km，累计净扬程266.35m，总扬程299.05m，总装机容量10.15万 kW；布置渠系建筑物205座，包括涵洞、渡槽、退水闸桥梁等；开发农田面积2.31万 hm²；布置支渠274km，斗渠1 275km。灌区干渠、支干渠采用全断面塑膜加混凝土板衬砌，斗渠全部采用混凝土板梯形或 U 形衬砌，防渗效果明显。

（一）骨干工程建设现状

骨干工程主要包括泵站、干渠等建筑物。

1. 泵站建设

主泵站：依据确定的泵站分级，综合考虑泵站的进水条件、地形地质条件、站区布置以及管线长度等因素，分别选定主泵站的站址。灌区主泵站及站址见表5-2。

表5-2　红寺堡扬水工程主泵站及站址一览表

站级	控制高程 /m	站址	站址距离 /km	进水方式	出水管线长度 /m
一级站	1 250	中宁县新堡镇东南 4.5 km，红山口	7.0	侧向	592
二级站	1 300	中宁县新堡镇南 6.5 km，九座坟	4.0	侧向	620
三级站	1 350	中宁县新堡镇东南 9.1 km，行家窑	4.0	斜向	357
四级站	1 400	同心县韦州镇西北约 20 km，金庄子	63.5	正向	1 264
五级站	1 450	同心县韦州镇西北约 17 km，苏家梁	3.0	正向	990

支泵站：灌区除主泵站、主干渠外，还布置了新圈、新庄集、海子塘3条扬水支线，孙家滩支干渠、苦水河东支干渠、二一支干渠和四一支干渠4条较大的自流支干渠。

2. 干渠

一干渠起点为一泵站出水池，设计流量 25 m^3/s，渠线沿烟筒山北麓向东跨张小头沟到九座坟止，全长3.69 km，布置各类建筑物12座，其中渡槽1座、长65 m。一干渠无灌溉任务。

二干渠接二泵站出水渡槽，设计流量25 m^3/s，渠线向东沿烟筒山北坡，过榆树沟，到行家窑止，全长3.89 km，布置各类建筑物20座，其中渠涵2座、总长120 m。自二干渠开始进入灌区，二干渠共设支渠口5座，控制灌溉面积14 471 hm^2。

三干渠接三泵站出水渡槽，进口设计水位1 349.87 m，设计流量23.96 m^3/s，全长62 km，布置各类建筑物131座，其中渡槽16座、总长2 910 m。三干渠控制灌溉面积4.02万 hm^2。

四干渠、五干渠正在施工建设。

（二）田间工程配套现状

1. 田间配套面积

已开发配套农田2.31万 hm^2，布置渠系建筑物205座，包括涵洞、渡槽、退水闸桥梁等，支渠274 km，斗渠1 275 km。

2. 支渠建筑物

灌区共布置各类支渠建筑物2 090座，其中，斗渠口1 255座、节制闸152座、陡坡388座、生产桥305座。

三、固海扩灌扬水工程

固海扩灌扬水工程属宁夏扶贫扬黄灌溉一期工程之一，根据灌区的自然地理特点以及供水水源，灌区分为东、西两片，其中东线灌区主要包括中宁县、同心县清水河以东的月亮湾、李沿子、下河沿、穆家河、张家湾、羊路以及原州区的七营、黑城、三营、头营等地，规划土地面积3.67万 hm²，净灌溉面积1.67万 hm²。工程设计流量12.7 m³/s，设计泵站15座，其中主泵站12座、支泵站3座，最大累计净扬程427.98 m，总装机容量9.81万 kW。干渠总长169.56 km，支干渠总长71.10 km。工程于1999年正式开工建设，2003年10月全部建成，并试水成功，实现了送水到固原头营的目标。

干渠、支干渠均采用混凝土预制板衬砌防渗、防冲，预制板厚度根据流量大小有5 cm、6 cm 两种。板形有六边形、矩形两种。在湿陷土、碎石风积沙等特殊地质条件场地，干渠、支干渠和支渠还加设聚乙烯防渗膜，膜厚0.18~0.3 mm。对于岩石渠道，采用现浇混凝土板衬砌，板厚6~10 cm，不铺防渗膜。

四、固海扬黄工程

固海扬水工程始建于1978年，1986年竣工，是宁夏最早建设的规模最大的扬黄工程。受当时条件限制，泵站、渠道配套建设标准低，灌区供水骨干渠道配套设施不全，缺乏必要的水工建筑物，灌区土地不够平整，渠道及田间渗漏严重，蒸发量大，平均灌溉水利用系数只有0.64，水资源有效利用率低。梯级泵站间水量不匹配、机电设备选型不合理等方面存在的缺陷和不足突出，随着工程的老化和灌区供需水矛盾的加大，这些缺陷和不足更突出。过去几十年间，因梯级泵站间水量不匹配，部分泵站机组开停频繁，诱发事故概率大，弃水严重，每年管理处因这一原因造成的弃水量在400万 m³左右，直接经济损失在100万元以上。固海扬水工程1998年列入全国大型灌区续建配套与节水改造项目，2008年列入全国大型泵站更新改造项目，国家对原有固海灌区（包括固海扬水灌区和同心扬水灌区）进行了全面改造。1998年开工建设的宁夏扶贫扬黄灌溉一期工程由固海扩灌区和红寺堡灌区两部分组成，2004年主体工程基本完成，2008年8月全部竣工，2010年3月固海扩灌工程全部移交宁夏固海扬水管理处管理。

固海扬黄灌区的骨干工程至目前已运行了40余年，工程老化失修严重，能耗增加，效益衰减，因老化失修造成的险工险段越来越多，已直接危及工程的安全运行和灌区的正常灌溉。

1998年以来，宁夏水利厅安排固海扬黄灌区续建配套改造工程25项，对部分渠道、水工建筑物、机电设备及厂房、管理房进行了更新改造，保证了渠道安全运行度过汛期；降低干渠糙率，使渠系水减少了渗漏损失，提高了利用系数、灌溉保证率，增强了渠道输水和抗旱能力，同时，抗冻能力也相应提高，延长了渠道使用寿命；保证了泵站机电设备绝缘等级，减少了事故隐患，变损明显下降，铭牌出力、效率提高。仅2000年总节水398.9万 m³，财务效益增加20.7万元。其中固六干渠系水利用系数由1998年的0.969 7提高到2000年的0.971 4，按取水量6 934万 m³计算，节水11.79万 m³；东一干渠改造后，渠系水利用系数由1998年的0.954提高到2000年的0.975，按取水量18 214万 m³计算，节水398.9万 m³；羚羊寺水泵改造后，泵站能源单耗由5.06 kW·h/kt·m 降为4.6 kW·h/kt·m，按年运行164天计算，可节电199万度，节约电费14.5万元。

第二节　渠系水利用系数

一、盐环定扬黄工程

盐环定扬黄工程宁夏专用工程已建渠系管网由于渠道衬砌老化、部分压力管道出现锈蚀、漏水甚至损坏，发生渗漏损失。盐池灌区9 747 hm²用水占总用水量的近60%，而生活、工业用水占近40%。盐池灌区共用工程干渠、支干渠采用全断面混凝土板衬砌，水利用系数为0.83；支、斗、农渠渠系水利用系数为0.92×0.91×0.9＝0.75；田间水利用系数取0.9。故盐池灌区渠系水利用系数为0.83×0.75＝0.62，灌溉水利用系数为0.62×0.9＝0.56。渗漏损失主要是由灌溉引起的，灌溉渠系工程和灌区内的渗漏、排水损失是水量渗漏损失的主要组成部分。

二、红寺堡扬水工程

红寺堡扬水工程干渠、支干渠采用全断面塑膜加混凝土板衬砌，斗渠全部采用混凝土板梯形或 U 形衬砌，防渗效果明显，干渠水利用系数0.85，渠系水利用系数0.6。

三、固海扩灌扬水工程

固海扩灌扬水工程干渠、支干渠采用混凝土预制板衬砌，干渠水利用系数0.864，支渠水利用系数0.983，斗渠水利用系数0.967，农渠水利用系数0.938，渠系水利用系数0.698。

四、固海扬黄工程

固海扬黄工程经过近40年的运行，因工程隐患的不断出现和渠道渗漏、跑冒等损失，干渠、支渠水利用系数由1986年的0.92和0.75下降为2004年的0.87和0.59。

第三节　种植结构现状

一、盐环定扬黄工程

2010年，盐池灌区总种植面积3 883 hm²，其中种植粮食作物2 600 hm²、油料作物854 hm²、瓜菜429 hm²，分别占总面积的67%、22%、11%。截至2014年种植面积为6 739.8 hm²，粮食作物、经济作物、饲草种植比例为56.9%、23.0%、20.1%。由此可见，饲草种植面积逐年增加，而粮食作物面积有所减少。

盐池灌区灌水定额为小麦年灌水4次，灌溉定额5 400 m³/hm²，玉米年灌水4次，灌溉定额5 100 m³/hm²，油葵年灌水3次，灌溉定额3 900 m³/hm²，详见表5-3。

表 5-3　盐池灌区作物灌溉制度

灌水次数	小麦		玉米		油葵	
	时间	定额 / ($m^3 \cdot hm^{-2}$)	时间	定额 / ($m^3 \cdot hm^{-2}$)	时间	定额 / ($m^3 \cdot hm^{-2}$)
第一次	4 月 26 日至 5 月 1 日	1500	5 月 10 日至 5 月 18 日	1500	4 月 15 日	1500
第二次	5 月 6 日至 5 月 18 日	1500	5 月 26 日至 6 月 1 日	1200	5 月 6 日	1200
第三次	5 月 23 日至 6 月 1 日	1200	6 月 16 日至 6 月 20 日	1200	6 月 26 日	1200
第四次	6 月 16 日至 6 月 20 日	1200	7 月 16 日至 7 月 20 日	1200		

二、红寺堡扬水工程

2014年，红寺堡灌区总种植面积2.31万 hm^2，灌溉面积1.55万 hm^2。其中种植粮食作物1.14万 hm^2、饲草0.31万 hm^2、经济作物（包括油料作物、中药材等）0.1万 hm^2，分别占总种植面积的73.7%、19.8%、6.5%。

红寺堡灌区灌水定额为小麦年灌水4次，灌溉定额4 425 m^3/hm^2，玉米年灌水4次，灌溉定额3 900 m^3/hm^2，胡麻年灌水4次，灌溉定额3 825 m^3/hm^2，马铃薯年灌水3次，灌溉定额3 225 m^3/hm^2。根据总体设计方案及调查结果，总结出红寺堡灌区主要作物灌溉制度，见表5-4。

表 5-4　红寺堡灌区主要作物灌溉制度

灌水时间	灌水天数 /d	灌水定额 / ($m^3 \cdot hm^{-2}$)					
		小麦	玉米	马铃薯	胡麻	瓜菜	经果林
4 月 25 日至 5 月 6 日	12	900					
5 月 7 日至 5 月 15 日	9					900	900
5 月 16 日至 5 月 27 日	12	900					

灌水时间	灌水天数 /d	灌水定额 / (m³·hm⁻²)					
		小麦	玉米	马铃薯	胡麻	瓜菜	经果林
5月28日至6月10日	14		900	900	900	825	
6月11日至6月22日	12	825				825	
6月23日至7月4日	12	825				750	
7月5日至7月17日	13		750	750	750	750	
7月18日至7月30日	13					600	750
7月31日至8月13日	14		675	675	675		
8月14日至8月25日	12		675		600	600	600
生育期小计	123	3 450	3 000	2 325	2 925	5 250	2 250
10月20日至11月22日	34	975	900	900	900	900	900
合计	157	4 425	3 900	3 225	3 825	6 150	3 150

注：灌水定额单位为 $m^3 \cdot hm^{-2}$。

三、固海扩灌扬黄工程

2015年，灌区农作物以小麦、玉米为主，其中小麦种植面积占灌区总种植面积的8.45%，玉米种植面积占灌区总种植面积的43.31%，麦套玉米种植面积占灌区总种植面积的4.80%。灌区经济作物以枸杞、西瓜、葵花为主，分别占灌区总种植面积的1.62%、3.60%、20.52 %。枸杞、葵花主要分布在原州区七营镇、黑城镇一带，西瓜主要分布在同心县王团镇一带。

四、固海扬黄工程

固海扬黄灌区农作物以粮食作物为主，粮食作物的种植面积占总种植面积的95%以上，粮食作物中夏粮作物占60%，秋粮作物占30%，枸杞、瓜菜等占10%，复种指数1.1。夏粮以小麦、胡麻为主，秋粮以玉米、油葵为主。

主要作物的灌溉制度为：小麦、胡麻、玉米、油葵的次灌水量均为 $1\,800\,\mathrm{m^3/hm^2}$，灌水次数分别为5次、4次、4次、3次，总灌水量分别为 $9\,000\,\mathrm{m^3}$、$7\,200\,\mathrm{m^3}$、$7\,200\,\mathrm{m^3}$、$5\,400\,\mathrm{m^3}$，见表5-5。

表5-5 固海扬黄灌区主要作物灌溉制度

灌水次数	油葵		小麦		玉米		枸杞		胡麻	
	时间	定额/ $(\mathrm{m^3 \cdot hm^{-2}})$	时间	定额/ $(\mathrm{m^3 \cdot hm^{-2}})$	时间	定额/ $(\mathrm{m^3 \cdot hm^{-2}})$	时间	定额/ $(\mathrm{m^3 \cdot hm^{-2}})$	时间	定额/ $(\mathrm{m^3 \cdot hm^{-2}})$
第一次	5月中旬	1 800	4月中旬	1 800	4月中旬	1 800	4月下旬	1 800	5月上旬	1 800
第二次	6月中下旬	1 800	5月上旬	1 800	5月中旬	1 800	5月中旬	1 800	5月中旬	1 800
第三次	7月中下旬	1 800	5月中旬	1 800	6月上旬	1 800	6月上旬	1 800	5月下旬	1 800
第四次			5月下旬	1 800			6月下旬	1 800	6月中上旬	1 800
第五次			6月上旬	1 800	6月中旬	1800	7月上旬	1 800		
……							7月下旬	1 800		

注：大麦的灌溉制度与小麦近似，冬灌在11月初进行，灌水量在 $2\,700\,\mathrm{m^3/hm^2}$ 左右。

第四节 节水潜力分析

扬黄灌区节水措施包括渠道工程措施节水、田间工程措施节水和非工程措施节水。渠道工程措施包括渠道衬砌（斗、农渠）、渠道工程（干、支、斗渠）更新改造等；田间工程措施包括小畦灌、管灌、滴灌、喷灌、隔沟灌等改进地面灌溉的措施。根据《黄河水权转换管理实施办法（试行）》的规定，并结合宁夏的具体情况，将调整种植结构、发展设施农业、管理措施、科技政策措施等归类为非工程措施节水。

一、盐环定扬黄工程

项目现状水平年为2020年，规划水平年为近期2025年、中远期2030年。

（一）现状水平年引、用水情况

2020年盐环定扬黄工程全年引水量9 757.02万 m^3，占设计规模的65.05%，其中陕西引水83.5万 m^3、甘肃引水82.4万 m^3、宁夏灌区引水9 591.12万 m^3。宁夏灌区农业用水量为8 867.38万 m^3，人畜饮水、工业用水为723.74万 m^3。

（二）规划近期水平年

1. 引、用水情况

根据宁夏盐池县受水区发展规划中对水资源需求的预测结果，到2025年净需水量为5 492.66万 m^3，其中城镇用水56.48万 m^3、工业用水355.07万 m^3、农村人畜饮水285.51万 m^3、农业灌溉用水4 795.60万 m^3，扣除可利用的当地水276.07万 m^3后为5 216.59万 m^3。考虑专用工程的渠系（管道）水利用系数后，宁夏专用工程的需水量为5 861.34万 m^3，计入共用工程渠道损失后，青铜峡东干渠盐环定扬黄一泵站引黄水量为6 441.03万 m^3。

2. 节水工程建设内容

（1）干渠流沙塌坡治理工程：对流沙段渠道进行更新改造，其长度为500 m，具体位置为一干渠2+500段至3+000段。

（2）混凝土板滑塌治理工程：对三干渠、四干渠、五干渠石方段滑塌混凝土板进行砌护，其长度为2 100 m。

（3）末级渠道改造工程：对潘儿庄灌区的末级渠道进行更新改造，其长度为19.92 km。

（4）泵站压力管道更新及厂房渗水处理工程：采用灌浆处理的方法对二、三、四、六泵站的泵房渗水问题进行专项处理。

（5）田间节水改造工程：发展2 713 hm^2小畦灌、667 hm^2管灌。

（6）新技术新措施实施改造工程：采用喷灌技术措施灌溉2 000 hm^2。

3. 节约的水量

（1）渠道更新改造节约的水量。

在不增加新的水源地和引水量的前提下，通过渠道衬砌、加铺防渗土工膜等更新改造措施，使渠道水利用系数由现状水平年的0.86提高到0.89以上，年引水量为9 591.12万 m^3 时可节约引水量287.73万 m^3，可为工业提供244.57万 m^3（商品率85%）水量。

（2）田间节水工程实施的节水量。

对现有灌区通过调整种植结构，发展节水高效农业、设施农业、特色种植业，完善田间配套设施，改进灌溉方式方法等措施，减少亩均用水量，全面提高水资源的利用效率。按现状水平年计算，2025年灌溉面积9 747 hm^2，灌区综合毛灌溉定额9 097.8 m^3/hm^2，年引水量8 867.38万 m^3，年供水量7 536.95万 m^3（商品率85%）。通过调整种植结构，2025年粮经饲比由现状水平年的75.5∶18.5∶6调整为50∶20∶30。改进灌溉方式，发展2 713 hm^2 小畦灌、667 hm^2 管灌、2 000 hm^2 喷灌，灌区综合毛灌溉定额由现状水平年的9 097.8 m^3/hm^2 达到5 788.2 m^3/hm^2，每公顷平均节水3 309.6 m^3，灌区9 747 hm^2 农田需水量5 641.57万 m^3，与2020年8 867.38万 m^3 相比，可结余引水量3 225.81万 m^3，可为工业提供2 008.51万 m^3（商品率62%）水量。

合计可节约引水量3 513.54万 m^3，可为工业提供2 253.08万 m^3（商品率64%）水量。

（三）规划中远期水平年

1. 引、用水情况

根据宁夏盐池县受水区发展规划中对水资源需求的预测结果，到2030年净需水量为4 028.91万 m^3，其中城镇用水89.80万 m^3、工业用水639.66万 m^3、农村人畜饮水348.37万 m^3、农业灌溉用水2 951.08万 m^3，扣除可利用的当地水276.07万 m^3 后为3 752.84万 m^3。考虑专用工程的渠系（管道）水利用系数后，宁夏专用工程的需水量为4 216.67万 m^3，计入共用工程渠道损失后，青铜峡东干渠盐环定扬黄一泵站引黄水量为4 633.70万 m^3。

2. 节水工程建设内容

（1）干渠流沙塌坡治理工程：对流沙段渠道进行更新改造，其长度为1 000 m，具体位置为八干渠81+600段至82+600段。

（2）混凝土板滑塌治理工程：对七干渠石方段滑塌混凝土板进行砌护，其长度为1 400 m。

（3）末级渠道改造工程：对李家坝、马儿庄灌区的末级渠道进行更新改造，其长度为9.66 km。

（4）泵站压力管道更新及厂房渗水处理工程：采用灌浆处理的方法对九、十、十一泵站的泵房渗水问题进行专项处理。

（5）田间节水改造工程：发展2 000 hm^{2}小畦灌、667 hm^{2}管灌。

（6）新技术新措施实施改造工程：采用喷灌技术措施灌溉1 333 hm^2。

3. 节约的水量

（1）渠道更新改造节约的水量。

在不增加新的水源地和引水量的前提下，通过渠道衬砌、加铺防渗土工膜等传输节水措施，使渠道水利用系数由2020年的0.92提高到设计标准0.95以上，年引水量9 591.12万 m^{3}时可节约引水量287.73万 m^3，可为工业提供253.2万 m^3（商品率88%）水量。

（2）田间节水工程实施的节水量。

与2020年相比，2030年黄委会下达农业灌溉用水面积仍然保持在9 747 hm^{2}的规模，通过进一步调整种植结构，粮经饲比由2025年的50：20：30调整为25：30：45，节水高效农业、设施农业、特色种植业有长足的发展，田间配套设施更加完善，灌溉方式方法等措施更加先进，亩均用水量减幅较大，水资源的利用效率可全面提高。2030年进一步改进灌溉方式，再发展2 000 hm^{2}小畦灌、667 hm^{2}管灌。进一步提高用水效率，毛灌溉定额由2025年的5 788.2 m^3/hm^{2}减少到4 280 m^3/hm^2，每公顷平均节水1 508.2 m^3，灌区9 747 hm^{2}农田需水量3 353.5万 m^3，与2025年5 641.57万 m^{3}相比，可结余引水量2 288.07万 m^3，可为工业提供1 474.92万 m^3（商品率64%）水量。

合计可节约引水量2 575.8万 m³，可为工业提供1 728.12万 m³（商品率67%）水量。

二、红寺堡扬水工程

项目现状水平年为2020年，规划水平年为近期2025年、中远期2030年。

（一）现状水平年引、用水情况

2020年红寺堡扬水工程全年引水量17 451.01万 m³，全部为农业用水，全年灌溉面积2.115万 hm²，2025年灌区灌溉面积达到设计的灌溉面积3.67万 hm²。分配给红寺堡灌区的年引水量为30 900万 m³。

（二）规划近期水平年

1. 引、用水情况

根据宁夏红寺堡区受水区发展规划中对水资源需求的预测结果，到2025年净需水量为22 046.2万 m³，其中非农业灌溉用水量1 095.0万 m³，农业灌溉用水量20 951.2万 m³，扣除可利用的当地水766.5万 m³后为21 279.7万 m³，红寺堡扬水一泵站引黄水量为30 900万 m³。

2. 节水工程建设内容

（1）干渠石方段渗漏水治理工程：对石方段渠道进行更新改造，其长度为2.3 km，具体位置为红三干渠56+608段至59+390段（有涵洞）。

（2）混凝土板滑塌治理工程：对红三干渠泥岩段滑塌混凝土板进行砌护，其长度为1 300 m。

（3）田间节水改造工程：发展3.1万 hm² 小畦灌、1 333 hm² 管灌、2 390 hm² 窖蓄微灌。

（4）新技术新措施实施改造工程：采用喷灌技术措施灌溉2 000 hm²。

3. 节约的水量

（1）渠道更新改造节约的水量。

在不增加新的水源地和引水量的前提下，通过渠道衬砌、加铺防渗土工膜等更新改造措施，使渠道水利用系数由现状水平年的0.86提高到0.90以上，年引水量为30 900 m³时可节约引水量1 236万 m³，可为工业提供1 050.60万 m³（商品率85%）水量。

（2）田间节水工程实施的节水量。

对现有灌区通过调整种植结构，发展节水高效农业、设施农业、特色种植业，完善田间配套设施，改进灌溉方式方法等措施，减少亩均用水量，全面提高水资源的利用效率。按现状水平年计算，2025年灌溉面积3.67万 hm²，灌区综合毛灌溉定额8 250 m³/hm²，年引水量30 250万 m³，年供水量25 712.5万 m³（商品率85%）。通过调整种植结构，2025年粮经饲比由现状水平年的72.88∶22.05∶5.07调整为36∶45∶19。改进灌溉方式，发展3.1万 hm²小畦灌、1 333 hm²管灌、2 000 hm²喷灌、2 390 hm²窖蓄微灌，灌区综合毛灌溉定额由现状水平年的8 250 m³/hm²减少到6 399 m³/hm²，每公顷平均节水1 851 m³，灌区3.67万 hm²农田需水量23 463万 m³，与设计分配水量30 900万 m³相比，可结余引水量7 437万 m³，可为工业提供6 321.45万 m³（商品率85%）水量。

合计可节约引水量8 673万 m³，可为工业提供7 372.05万 m³（商品率85%）水量。

（三）规划中远期水平年

1. 引、用水情况

根据宁夏红寺堡区受水区发展规划中对水资源需求的预测结果，到2030年净需水量为18 869.41万 m³，其中非农业灌溉用水量1 600万 m³、农业灌溉用水量17 269.41万 m³，扣除可利用的当地水766.5万 m³后为18 102.91万 m³，计入渠道损失后，红寺堡扬水一泵站引黄水量为30 844万 m³。

2. 节水工程建设内容

（1）混凝土板滑塌治理工程：对红三干渠泥岩段滑塌混凝土板进行砌护，其长度为1 100 m。

（2）田间节水改造工程：发展2 200 hm²小畦灌、3 713 hm²管灌、3 953 hm²窖蓄微灌。

（3）新技术新措施实施改造工程：采用喷灌技术措施灌溉7 000 hm²。

3. 节约的水量

（1）渠道更新改造节约的水量。

在不增加新的水源地和引水量的前提下，通过渠道衬砌、加铺防渗土工膜等传输节水措施，使渠道水利用系数由2025年的0.92达到0.94以上，年引水量30900万 m^3，与2020年的渠道水利用系数0.90相比，可节约引水量618.00万 m^3，可为工业提供543.84万 m^3（商品率88%）水量。

（2）田间节水工程实施的节水量。

与2025年相比，2030年黄委会下达农业灌溉用水面积仍然保持在3.67万 hm^2的规模，通过进一步调整种植结构，粮经饲比由2025年的36∶45∶19调整为25∶50∶25，节水高效农业、设施农业、特色种植业有长足的发展，田间配套设施更加完善，灌溉方式方法等措施更加先进，亩均用水量减幅较大，水资源的利用效率可全面提高。2030年进一步改进灌溉方式，减少8 947 hm^2小畦灌，增加2 380 hm^2管灌、5 000 hm^2喷灌和1 563 hm^2窖蓄微灌。原2025年已改造灌区进一步提高用水效率，毛灌溉定额由2025年的6 399 m^3/hm^2达到5 537.4 m^3/hm^2，每公顷平均节水861.6 m^3，3.67万 hm^2农田需水20 303.8万 m^3。与2025年23 463万 m^3相比，可结余引水量3 159.2万 m^3，可为工业提供2 780.1万 m^3（商品率88%）水量。

合计可节约引水量3 777.2万 m^3，可为工业提供3 323.94万 m^3（商品率88%）水量。

三、固海扩灌扬水工程

（一）现状水平年引、用水情况

2020年固海扩灌扬水工程全年引水量7 575.37万 m^3，全部为农业用水，全年灌溉面积0.95万 hm^2，2022年灌区灌溉面积达到设计的灌溉面积1.67万 hm^2。分配给固海扩灌区的年引水量为20 800万 m^3，其中灌溉用水量20 100万 m^3，非灌溉用水量700万 m^3。

（二）规划近期水平年

1. 引、用水情况

根据宁夏固海扩灌区发展规划中对水资源需求的预测结果，到2025年净需水量为9 143.4万 m^3，其中非农业灌溉用水量502万 m^3，农业灌溉用水量8 641.4万 m^3，均由本工程提供，固海扩灌一泵站引黄水量为20 800万 m^3。

2. 节水工程建设内容

（1）干渠石方段渗漏水治理工程：对石方段渠道进行更新改造，其长度为1.7 km，具体位置为固扩二干渠2+200段至3+000段、5+000段至5+900段。

（2）干渠渡槽渗水泛碱处理工程：对固扩一干渠、二干渠、三干渠部分渡槽渗水泛碱进行处理，面积共32 046 m^2。

（3）田间节水改造工程：发展1.443万 hm^2 小畦灌、300 hm^2 管灌、1 333 hm^2 窖蓄微灌。

（4）新技术新措施实施改造工程：采用喷灌技术措施灌溉600 hm^2。

3. 节约的水量

（1）渠道更新改造节约的水量。

在不增加新的水源地和引水量的前提下，通过渠道衬砌、加铺防渗土工膜等更新改造措施，使渠道水利用系数由现状水平年的0.84提高到0.89以上，年引水量为20 800 m^3 时可节约引水量1 040万 m^3，可为工业提供863.2万 m^3（商品率83%）水量。

（2）田间节水工程实施的节水量。

对现有灌区通过调整种植结构，发展节水高效农业、设施农业、特色种植业，完善田间配套设施，改进灌溉方式方法等措施，减少亩均用水量，全面提高水资源的利用效率。按现状水平年计算，2025年灌溉面积1.67万 hm^2，灌区综合毛灌溉定额7 946.25 m^3/hm^2，年引水量13 243.75万 m^3，年供水量10 992.31万 m^3（商品率83%）。通过调整种植结构，2025年粮经饲比由现状水平年的47.14∶46.36∶6.5调整为35∶50∶15。改进灌溉方式，发展1.443万 hm^2 小畦灌、300 hm^2 管灌、600 hm^2 喷灌、1 333 hm^2 窖蓄微灌，灌区综合毛灌溉定额由现状水平年的7 946.25 m^3/hm^2 减少到6 449.1 m^3/hm^2，每公顷平均节水1 497.15 m^3，灌区1.67万 hm²农田需水量10 748.5万 m³。与设计分配农业灌溉用水量20 100万 m³相比，可结余引水量9 351.5万 m³，可为工业提供7 761.75万 m³（商品率83%）水量。

合计可节约引水量10 391.5万 m³，可为工业提供8 624.95万 m³（商品率83%）水量。

（三）规划中远期水平年

1. 引、用水情况

根据宁夏固海扩灌区发展规划中对水资源需求的预测结果，到2030年净需水量为8 780.13万 m³，其中非农业灌溉用水量500万 m³，农业灌溉用水量8 280.13万 m³，均由本工程提供，固海扩灌一泵站引黄水量为20 800万 m³。

2. 节水工程建设内容

（1）干渠石方段渗漏水治理工程：对石方段渠道进行更新改造，其长度为1.8 km，具体位置为固扩二干渠8+400段至10+200段。

（2）干渠渡槽渗水泛碱处理工程：对固扩四干渠、五干渠部分渡槽渗水泛碱进行处理，面积共11 699 m²。

（3）田间节水改造工程：发展1.067万 hm²小畦灌、880 hm²管灌、1 633 hm²窖蓄微灌。

（4）新技术新措施实施改造工程：采用喷灌技术措施灌溉3 487 hm²。

3. 节约的水量

（1）渠道更新改造节约的水量。

在不增加新的水源地和引水量的前提下，通过渠道衬砌、加铺防渗土工膜等传输节水措施，使渠道水利用系数由2025年的0.89提高到0.93以上，年引水量20 800万 m³，与2025年的渠道水利用系数0.89相比，可节约引水量832万 m³，可为工业提供707.2万 m³（商品率85%）水量。

（2）田间节水工程实施的节水量。

与2025年相比，2030年黄委会下达农业灌溉用水面积仍然保持在1.67万 hm²的规模，通过进一步调整种植结构，粮经饲比由2025年的35∶50∶15调整为30∶50∶20，节水高效农业、设施农业、特色种植业有长足的发展，田间配套设施更加完善，灌溉方式方法等措施更加先进，亩均用水量减幅较大，水资源的利用效率可全面提高。2030年进一步改进灌溉方式，减少3 760 hm² 小畦灌，增加580 hm² 管灌、2 887 hm² 喷灌和300 hm² 窖蓄微灌。原2025年已改造灌区进一步提高用水效率，毛灌溉定额由2025年的6 449.1 m³/hm² 减少到5 684.55 m³/hm²，每公顷平均节水764.55 m³，1.67万 hm²农田需水9 474.25万 m³。与2025年10 748.5万 m³相比，可结余引水量1 274.25万 m³，可为工业提供1 083.11万 m³（商品率85%）水量。

合计可节约引水量2 106.25万 m³，可为工业提供1 790.31万 m³（商品率85%）水量。

四、固海扬黄工程

（一）现状水平年引、用水情况

2020年固海扬黄工程全年引水量3.5亿 m³，灌区计划灌溉面积4.15万 hm²，2020年实际灌溉面积3.74万 hm²（马塘等4个小扬水站正在开发），年供水量2.98亿 m³，每公顷平均用水7 965 m³。

（二）规划近期水平年

1. 引、用水情况

根据宁夏固海扬黄灌区发展规划中对水资源需求的预测结果，到2025年净需水量为2.98亿 m³，毛需水量3.5 亿 m³，全部用于农业灌溉，固海扬黄工程年引黄水量为3.5亿 m³。

2. 节水工程建设内容

（1）干、支渠处理工程：对固海一干渠、固海二干渠进行渠道砌护处理，处理总长度12.5 km。对固海四干渠高低口、固海五干渠、固海东一支渠进行防渗处理，处理总长度48.2 km。

（2）管道改造工程：φ1200压力管道改造长度9.2 km，φ1600压力管道改造长度3 km。

（3）渡槽改造工程：对田营老渡槽、固海一干渠1#渡槽、双湾沟等10座老化程度较为严重的渡槽进行拆除重建。

（4）涵洞改造工程：对固海五干渠大洪沟渠涵、小洪沟渠涵进行翻建，对同三干渠5#涵洞及7#涵洞、大哈拉沟涵洞、清水河涵洞等10座涵洞进行改造。

（5）水闸改造工程：对李堡退水闸、老黑水沟退水闸、吴河及石炭沟进水闸等12座闸门进行改造。

（6）田间节水改造工程：发展1 333 hm²小畦灌、1 333 hm²管灌。

（7）新技术新措施实施改造工程：采用喷灌技术措施灌溉1 667 hm²。

3. 节约的水量

（1）渠道更新改造节约的水量。

在不增加新的水源地和引水量的前提下，通过渠道衬砌、加铺防渗土工膜等更新改造措施，使渠道水利用系数由现状水平年的0.85提高到0.87以上，年引水量为3.5亿 m³时可节约引水量700万 m³，可为工业提供602万 m³（商品率86%）水量。

（2）田间节水工程实施的节水量。

对现有灌区通过调整种植结构，发展节水高效农业、设施农业、特色种植业，完善田间配套设施，改进灌溉方式方法等措施，减少亩均用水量，全面提高水资源的利用效率。按现状水平年计算，2025年灌溉面积发展到4.15万 hm²，灌区综合毛灌溉定额7 186.5 m³/hm²，年引水量3.5亿 m³，年供水量2.98亿 m³（渠道水利用系数85%）。通过调整种植结构、改进灌溉方式，发展1 333 hm²小畦灌、1 333 hm²管灌、1 667 hm²喷灌，灌区综合毛灌溉定额由现状水平年的7 965 m³/hm²减少到6 828.5 m³/hm²，每公顷平均节水1 136.5 m³。同时将设计灌溉面积全部发展，则灌区4.15万 hm²农田需水量2.83亿 m³，与2020年2.98亿 m³相比，可结余引水量1 500万 m³，可为工业提供1 277.99万 m³（商品率85%）水量。

合计可节约引水量2 200万 m³，可为工业提供1 879.99万 m³（商品率85%）水量。

（三）规划中远期水平年

1. 引、用水情况

根据宁夏固海扬黄灌区发展规划中对水资源需求的预测结果，到2030年净需水量为2.85亿 m³，毛需水量3.28亿 m³，全部用于农业灌溉，固海扬黄工程年引黄水量为3.5亿 m³。

2. 节水工程建设内容

（1）干支渠处理工程：渠道砌护处理主要集中在固海一干渠、固海二干渠，处理总长度7.91 km。对固海三干渠、固海四干渠高低口、固海五干渠、固海东一支渠、固海六干渠、固海七干渠、固海八干渠、固海东二支渠、固海东三支渠、同一干渠、同三干渠、长一支渠、长二支渠、长三支渠进行防渗处理，处理总长度151.08 km。

（2）管道改造工程：ϕ1 000压力管道改造长度1.9 km，ϕ1 200压力管道改造长度12.93 km，ϕ1 600压力管道改造长度4.6 km。

（3）渡槽改造工程：对唐圈、建新、大沙沟、长山头渡槽等62座老化程度较为严重的渡槽进行拆除重建。

（4）涵洞改造工程：对93座排洪涵洞、26座渠道输水涵洞进行拆除重建。

（5）水闸改造工程：采取翻建、装设铸铁闸门措施，对15座闸门进行改造。

（6）配套设施改造工程：拆除重建207座斗口，改建114座生产桥，改建23座测水桥。

（7）泵房及管理房改造工程：维修主副厂房16座，新建管理房5座，维修管理房12座，改造养护点26个。

（8）田间节水改造工程：发展1 333 hm²小畦灌、1 333 hm²管灌。

（9）新技术新措施实施改造工程：采用喷灌技术措施灌溉1 667 hm²，采用滴灌技术措施灌溉667 hm²。

3. 节约的水量

（1）渠道更新改造节约的水量。

在2025年渠道更新改造的基础上，进一步通过渠道衬砌、加铺防渗土工膜等更新改造措施，使渠道水利用系数由2025年的0.89提高到0.91以上，年引水量为3.5亿 m³时，在2025年基础上，可再节约引水量700万 m³，可为工业提供623万 m³（商品率89%）水量。

（2）田间节水工程实施的节水量。

在2025年基础上，进一步调整种植结构，发展节水高效农业、设施农业、特色种植业，完善田间配套设施，改进灌溉方式，减少亩均用水量，再次提高水资源的利用效率。按2025年计算，灌溉面积保持在4.15万 hm^2，灌区综合毛灌溉定额6 884.55 m^3/hm^2，年引水量3.28亿 m^3，年供水量2.85亿 m^3（渠道水利用系数87%）。通过调整种植结构、改进灌溉方式，发展1 333 hm^2小畦灌、1 333 hm^2管灌、1 667 hm^2喷灌、667 hm^2滴灌，灌区综合毛灌溉定额由2025年的6 828.5 m^3/hm^2减少到6 455.4 m^3/hm^2，每公顷平均节水373.1 m^3，则灌区4.15万 hm^2农田需水量2.652亿 m^3，与2025年2.83亿 m^3相比，可结余引水量1 780万 m^3，可为工业提供1 584.23万 m^3（商品率89%）水量。

合计可节约引水量2 480万 m^3，可为工业提供2 207.23万 m^3（商品率89%）水量。

第六章　干旱地区土地
可持续利用评价

  21 世纪人类面临着巨大的人口—资源—环境危机，如何解决这一危机，实现资源的可持续利用已成为当今全球研究的焦点。在人口—资源—环境系统中，土地资源处于最根本的地位。为了人类的生存和发展，我们必须对土地资源进行科学的评价，协调好人地关系，进而实现土地可持续利用。而农用地是一切土地资源利用的基础，也是社会可持续发展的关键。农用地质量决定着农用地生产力的高低及其利用效益。在当前人口增长使土地压力越来越大、城镇建设用地侵占农用地的情况下，用量化指标确定土地质量等级，以达到客观而准确地评价农用地质量，对进一步提高农用地生产力水平、保障粮食安全具有重要的现实意义。

  土地评价是在土地类型研究基础上，根据特定生产目的对土地质量、适宜性和生产潜力进行评估。根据评价目的、对象、方法和手段不同，土地评价可分为土地适宜性评价、土地生产力评价、土地经济评价和土地综合评价。土地评价的对象是土地的质量，着重研究土地的适宜性与限制性因素。根据国民经济发展的需要，从社会经济的角度来衡量一定地区土地的各种构成要素和基本条件的特点，对土地质量、利用潜力及其适宜用途进行比较，确定最有利的用途，是进行土地规划以及设计各种土地利用方案不可缺少的一项基础工作。

  土地评价涉及的内容比较广泛，需要利用自然科学、社会经济科学和技术科学等多学科的知识进行综合研究。它可按不同的地区范围进行（如全世界、一国、一地区、一生产单位），也可根据不同的土地利用类型进行。土地评价的内容根据不同的目的而有所区别，有从某项生产出发对土地质量的评价，有关于土地生产潜力的评价，也有对某项生产适合或限制程度的评价等。1976年联合国粮食及农业组织颁布的针对土地适宜性的评价《土地评价纲要》，大大促进了国际上对土地评价的研究。

基于以上理解，土地适宜性评价在土地评价中占有举足轻重的地位，对农业用地种植类型的选择、产业结构的优化、建设用地位置的选择等有着非常重要的作用。因此，本章基于干旱地区土地的基本属性，以可持续发展为基本思想，将影响土地利用类型的因子作为研究对象，运用层次分析法，并结合大系统多目标理论，对土地适宜性做系统分析与评价，为干旱地区土地的可持续利用提供科学依据。

第一节　土地适宜性评价的内涵

土地适宜性评价是评定土地对某种用途是否适宜以及适宜的程度，是进行土地利用决策、科学地编制土地利用规划的基本依据。它根据土地的自然和社会经济属性，对土地规划用途的适宜性、适宜程度及其限制状况做出评价，为农业种植结构和土地布局的调整、土地综合利用规划等提供科学依据。

目前，国内土地评价方法主要有限制因素法、指数法、综合分析法、模糊聚类法、加权指数法等，虽然评价方法有很多种，评价因素也很多，但是区域土地评价均由其评价目的和具体条件决定。

对干旱地区土地可持续利用方式进行适宜性评价，除研究影响土地质量的基本限制因子外，水资源匮乏作为影响这些地区生态和经济发展最主要的因素，应将其作为自然生态条件的首要评价因子纳入土地评价系统中。

第二节　土地适宜性评价的原则

土地适宜性评价遵循三个主要原则——经济学原则、社会学原则、可持续发展原则。

经济学原则主要指土地用于某种用途可能取得的经济效益大小，这是衡量土地利用合理与否的重要标准和依据。分析不同利用方式可能取得的经济效益大小，可为确定土地利用的最佳方式提供重要的科学依据。

社会学原则指土地利用方式的社会需求性及其程度。土地利用的最终目的是满足人类社会发展的各种物质需求，然而，社会对各种利用方式的需求性及其程度是不相同的。因此，在评价土地适宜性时，社会需求性是一条必不可少的原则，绝不能忽视。有不少地区，从其自然条件来看，发展林业或牧业的适宜程度较高，而发展种植业的适宜程度较低，因此这些地区应以发展林业或牧业为主。但是，考虑到粮食安全的需要，当地众多人口的粮食需求不可能全靠国家调剂或从外地购入，因此，不得不在一些条件稍好、可以勉强种植作物的土地上安排一定比重的种植业（不过，在种植方式、农田基本建设上必须加以注意，以防产生不良的生态后果）。若不考虑社会需求性，将全部土地用于林业或牧业，则可能产生不堪设想的后果。

可持续发展原则是土地可持续利用综合评价的重要组成部分，在土地开发利用过程中应注意协调好开发利用与生态保护的关系，经济效益、社会效益及生态效益的关系，投入与产出的关系，资源利用与生态保护的关系，眼前利益与长远利益的关系，局部利益与整体利益的关系，人与其他生物的关系，高产作物筛选与物种多样性保护的关系。只有恰当处理这些关系，维持它们之间的平衡，才能确保发展的可持续性。这不仅涉及土地利用管理方式的改进，如合理的土地利用规划、合理的农业产业结构布局、合理的农田肥水管理模式、合理的农业耕种制度等，而且关系到土地的所有权以及流转制度的改革等一系列问题，同时也和相应的法律法规的制定有密切关系，是一个技术措施、行政手段和政策法律共同发挥作用的领域。

就如何合理利用土地，如何合理改革土地利用的组织形式，国内外学者进行了一系列研究并进行了大量尝试，但以定性评价为主，本章将以定量化的方法研究土地利用的适宜性。

第三节 土地适宜性评价的思路

所有评价工作都是基于指标体系进行的，指标体系的研究是定量化评价的重要环节。因此，进行指标体系的研究，使评价指标科学合理化显得尤为重要。土地本身具有很强的自然性、经济性和社会性，因此，土地利用系统是典型的自然—经济—社会复合系统。该系统涉及资源、环境、生态、社会经济等指标。这些指标中的大部分因子具有空间和时间特征，且所有因子的综合分析和评价都必须在确切的空间域内进行，因而土地评价涉及面广，分析处理的数据量大[①]。传统的评价方法已很难满足土地可持续利用规划对土地利用信息的需求，土地利用/覆被变化（LUCC）成为当今土地利用变化和土地可持续利用评价研究的前沿和热点领域[②③④]。对干旱与半干旱地区，这种变化尤为明显。

一、评价因子分析

土地利用系统是一个庞大系统，其影响因素包括自然因素、社会因素、经济因素和区位因素。因此，评价土地质量的指标体系应由生态指标、社会指标、经济指标组成。

生态指标既包括土地自身的特性，也包括土地的自然环境，如气候、地形地貌、土壤等，更应强调土地利用对生态过程的影响。气候因子中水热因子决定作物的熟制，因此它是土地评价的基本因子之一。地形地貌因子包括地

---

① 黄杏元，高文，徐寿成.地理信息系统支持的城市土地定级方法研究[J].环境遥感，1993（4）：241-249.

② 汪晗，廖英伶，聂鑫，等.基于Multi-Agent System的土地利用/覆被变化模型研究进展[J].江苏农业科学，2018，46（13）：1-7.

③ Foley J A, DeFries R, Asner G P, et al. Global consequences of land use[J]. Science, 2005, 309（5734）：570-574.

④ 彭建，蔡运龙.复杂性科学视角下的土地利用/覆被变化[J].地理与地理信息科学，2005，21（1）：100-103.

貌类型、海拔高度、坡度、坡向、侵蚀程度等因子，地形地貌因子在很大程度上决定着土地利用类型、农田基本建设、土地改造的技术措施及开发利用方式等。因此，地形地貌因子也是土地评价的基本因子之一。土壤是植物根系生长活动的场所，可提供植物生长发育所需的水分、养分、空气、热量等生长条件，因此土壤是土地生产力的最重要组成部分，也是土地评价的最基本因子。在土地评价中着重考虑土壤类型、土层厚度、土壤质地、酸碱度（pH值）、有机质、氮、磷、钾等速效营养元素的含量及水分状况等因子。土壤的水分状况指水源保证率、沼泽化、潜育层深度及地下水的埋藏深度等。同时考虑可持续利用的要求，即农用地不仅要满足生产活动的需要，还必须保证土壤的自然生态环境不被破坏。因此，土壤的污染状况包括土壤中重金属含量、有机农药含量和硝态氮含量等，也应作为土地评价的重要因子。生态的持续性是土地利用可持续性的基础[①]。

经济指标主要包括经济资源、经济环境和综合效益三个方面。人类的一切经济活动均是在土地资源基础上展开的，产业结构的调整导致土地资源的变化，它们之间相互影响。土地资源与经济活动之间的关系主要表现为经济产业部门对土地资源的需求，经济产业部门各要素的调整变化必然导致对各类土地资源需求量的变化，在土地资源总量相对稳定的情况下，如何调整经济产业部门土地需求，是土地在经济性上实现可持续利用的关键。评价一种土地利用方式在近期和未来所产生的经济效益，在满足经济评价指标的同时，还必须进行生态和社会评价，评价其在生态上和社会上的可行性与可接受性。利润、成本、产量和商品率是土地经济评价的定量指标，定性指标、可行性和可接受性则强调了土地利用的另一方面。如果一种新的土地利用方式在生态上和社会上被认为是不可接受的，即使其满足所有的经济指标，仍需调整，否则将被放弃。土地退化是影响土地利用可持续性的最主要障碍，原因主要在于急功近利的短期行为，对自然生态系统复杂性认识不够，过度开发土地，导致土地退化进程加速。

---

① 周勇，田有国，任意，等.定量化土地评价指标体系及评价方法探讨[J].生态环境，2003（1）：37-41.

土地退化现象表明，追求土地经济效益而忽视其生态特征将无法保证土地的可持续利用。

社会指标包括土地利用集约度、人口状况、人口密度、城镇化率、土地经营效益，宏观的社会、政治环境，社会的承受能力，社会的保障水平，公众参与程度等。土地利用集约度主要指土地投入产出的水平。土地经营效益主要由产量或产值等指标来表示。人口状况主要体现人口与资源的关系，这直接影响到土地质量。宏观的社会、政治环境，社会的承受能力，社会的保障水平，公众参与程度，主要指一种土地利用方式是否符合社会的文化观、价值观，是否满足社会发展的需求。土地不仅是一种可利用的资源，而且是一个自然—经济—社会复合系统，社会对土地利用的期望一直被经济学家作为土地利用优化模式的依据，但土地利用的优化模式并非由经济学家决定，因为它是社会、经济、生态以及美学的综合体现。人类在利用土地资源的同时，往往会忽略土地属性的变化和对人类社会的反馈作用。土地利用可持续性中的社会评价通常表现为社会对土地利用方式的干预，如给予土地可持续利用方式以减免税收或其他优惠。

选取指标应考虑以下五个原则：

（1）主导性原则。从影响土地质量的诸多指标中选择制约土地用途的主要因素，从而增强土地质量评价的科学性和简洁性。

（2）差异性原则。选择研究区内具有明显差异、能够出现临界值的因子，客观地划分土地等级，否则将有悖于评价目的。

（3）不相容性（独立性）原则。要求所选取的指标能够尽量反映土地的全部属性，指标间不能出现因果关系，避免重复评价。

（4）可能性原则。指标的选取要具有实用性，即易于捕捉信息并对其进行定量化处理。体系不宜过于庞大，应简单明了，便于理解和计算。

（5）定量与定性相结合的原则。尽量把定性的、经验性的分析量化，以定量为主。必要时对现阶段难以定量的指标采用定性分析，减少人为影响，提高精度。

二、定量化土地评价方法 [①]

1.主成分分析法

农业用地土地质量是自然因素和社会经济因素综合作用的结果，分析各因素作用的特性，就能综合判断农业用地土地质量的高低。影响农业用地土地质量的因素很多，影响的程度也各不相同，因而科学地选择指标，对农业用地土地质量评价具有重要意义。目前，常用的方法有经验判断法、特尔菲法、主成分分析法等。主成分分析法是将多个变量进行分类，分别分析各类别的综合影响，得出各类别变量的综合指标，再以少数几个综合指标（即主成分）进行分析的一种统计分析方法。从数学角度来看，这是一种降维处理方法，即用较少几个综合指标来代表原来很多的变量指标，这些综合指标能尽量多地反映原来较多指标所反映的信息，同时它们之间又是相互独立的。

2.层次分析法

层次分析法是著名运筹学家 Saaty 在20世纪70年代提出来的。它把人的思维过程层次化、数量化，并运用数学方法来为分析、决策、预报和控制提供定量的依据，实际上就是一种定性与定量相结合的方法。层次分析法的基本原理就是把要研究的复杂问题看作一个大系统，通过对这个大系统内多个因素的分析，划分出各因素相互关联的有序层次；再请专家对每一层次内的各个因素进行客观判断后，给出相对重要的因素，并用定量方式表示，建立数学模型，计算出每个层次内全部因素相对重要性的权数，并加以排序；最后根据排序结果进行规划决策和选择解决问题的措施。

3.模糊神经网络

评价指标体系中各影响因素的权重或贡献率的确定是制约指标合理与否的最主要因素。确定权重值的方法有很多种，目前常用的有回归分析法、层次分

---

① 周勇，田有国，任意，等.定量化土地评价指标体系及评价方法探讨[J].生态环境，2003（1）：37-41.

析法、特尔菲法、主成分分析法和灰色关联分析法等，但这些方法都难以摆脱人为因素及模糊随机性的影响。为了克服权重确定的困难，弱化人为因素造成的影响，这些年来，模糊神经网络模型开始受到人们的广泛关注。

模糊神经网络这一术语已流行了近二十年，目前已形成了一个热门的研究领域。它在本质上是将常规的神经网络赋予模糊输入信号和模糊权值。现实中的许多事物均是模糊的，没有明确的内涵和外延。逻辑学家和哲学家 Lukasiewicz 指出经典的二值逻辑只是理想世界的模型，而不是现实世界的模型。随后美国加州大学的 Zadeh 博士在1965年发表的 *Fuzzy Set* 论文中首次提出了表达事物模糊性的重要概念——隶属函数。它的提出奠定了模糊理论的数学基础，并在此基础上发展形成了模糊理论。而1966年诞生的模糊逻辑为计算机模仿人的思维方式来处理信息提供了可能。神经网络是利用工程技术手段模拟人脑神经网络的结构和功能的一种特殊技术系统，是通过简单的关系连接表示复杂的函数关系。神经网络由大量的神经元组成，因此它对信息的存储具有分布式、归纳式的特点，而对信息的处理及推理的过程具有并行的特点，同时神经网络对信息的处理具有自组织、自学习、容错能力强等特点。但神经网络表示的简单关系往往是非0即1的简单逻辑关系，且神经网络所知的信息是隐含的。模糊理论的逻辑取值可在0和1之间连续取值。将这两者结合起来形成的模糊神经网络可减少神经网络对存储器的要求，增加网络的泛化能力和容错能力等。模糊神经网络在传统的神经网络中增加了一些模糊成分，用"与""或"运算符取代 S 函数，输入信号或神经网络权值为模糊量。它继承了常规神经网络的学习算法，但由于模糊信息的特殊性，又形成了一些独特的算法。模糊神经网络综合了模糊逻辑和神经网络的优点，既能表示定性知识，又具有自主学习和处理定量数据的能力。

三、评价因子的确定

分析和研究土地利用变化趋势和效应是衡量土地是否满足可持续发展需要的基础，由荷兰瓦格宁根大学 Veldkamp 等科学家提出的土地利用变化及效应模型（CLUE-S）被广泛应用于土地利用变化趋势模拟及政策研究中[①]。本章以CLUE-S模型为基本研究框架，把水资源条件作为土地利用的主要制约因子，对干旱地区土地供需情况进行模拟，在水土资源可持续利用方面进行探索，以期在实证研究的基础上，提炼出一个可以广泛覆盖影响干旱地区土地利用变化的自然和社会因素，并具有较强开放性和扩展性的研究框架，为干旱与半干旱地区土地可持续利用的影响因子提供理论依据。

CLUE-S模型包括空间分析和非空间分析两个模块，主要步骤如图6-1所示。

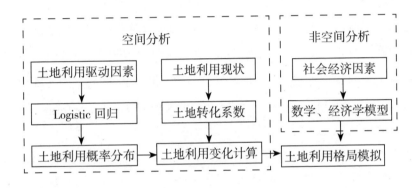

图6-1　CLUE-S模型

在CLUE-S模型基础上，为实现土地在多因子影响下能够科学预测未来土地的可持续利用方向，国内外诸多学者对模型进行了改进和应用。如段增强等[②]在CLUE-S模型原有的Logistic回归基础上，引进了邻域丰度因子和交互因子。吴桂平等[③]在驱动因子的回归计算中，以空间权重的形式引入空间自相关因子，

① C J E Schulp, G J Nabuurs, P H Verburg. Future carbon sequestration in Europe——Effects of land use change[J].Agriculture, Ecosystems and Environment, 2008（127）: 251-264.

② 段增强，P H Verburg，张凤荣，等.土地利用动态模拟模型的构建及其应用——以北京市海淀区为例[J].地理学报，2004，59（6）: 1037-1047.

③ 吴桂平，曾永年，冯学智，等.CLUE-S模型的改进与土地利用变化动态模拟——以张家界市永定区为例[J].地理研究，2010，29（3）: 460-470.

从而解决了空间统计分析问题中的空间自相关效应的影响。Yunhao Chen 等[1] 使用 GLP（Grey Linear Programming）方法来表达土地利用需求，对中国北方农牧过渡带土地利用变化进行了研究。陆汝成等[2] 将 CLUE-S 模型与 Markov 模型相结合，对环太湖地区土地利用格局进行模拟。Geping Luo 等[3]、梁友嘉等[4] 在 CULE-S 模型中嵌入系统动力学模型，对土地需求的计算进行了有益的探索。Batisani 等[5] 对区县尺度和区县以下尺度的土地利用变化进行了模拟和比较，认为 CLUE-S 模型对区县尺度土地利用变化模拟精确程度较高，而对更小尺度的模拟精确程度较低。刘淼等[6] 利用岷江上游地区土地利用数据，采用 Kappa 指数对 CLUE-S 模型在研究区的时间尺度预测能力进行研究，结果表明 CLUE-S 模型在该地区时间尺度上的最大预测能力为22年，时间跨度在14年及以下的预测结果准确性较低。Banse 等[7] 利用 CLUE-S 模型模拟欧洲土地利用变化，结合 GTAP（Global Trade Analysis Project）模型对欧洲生物能源政策的实施和世界粮食产量的影响进行分析。Groot 等[8] 对 CLUE-S 模型、Landscape Images 模型和共

[1] Yunhao Chen, Xiaobing Li, Wei Su, et al. Simulating the optimal land-use pattern in the farming-pastoral transitional zone of Northern China[J]. Computers, Environment and Urban Systems, 2008, 32（5）：407-414.

[2] 陆汝成，黄贤金，左天惠，等.基于CLUE-S和Markov复合模型的土地利用情景模拟研究——以江苏省环太湖地区为例[J].地理科学，2009，29（4）：577-581.

[3] Geping Luo, Changying Yin, Xi Chen, et al. Combining system dynamic model and CLUE-S model to improve land use scenario analyses at regional scale: A case study of Sangong watershed in Xinjiang, China[J].Ecological Complexity, 2010（7）：198-207.

[4] 梁友嘉，徐中民，钟方雷.基于SD和CLUE-S模型的张掖市甘州区土地利用情景分析[J].地理研究，2011，30（3）：564-576.

[5] Nnyaladzi Batisani, Brent Yarnal. Urban expansion in Centre County, Pennsylvania: Spatial dynamics and landscape transformations[J]. Applied Geography, 2009（29）：235-249.

[6] 刘淼，胡远满，常禹，等.生态保护政策对岷江上游地区土地利用/覆被的影响[J].应用生态学报，2010，21（6）：1351-1358.

[7] Martin Banse, Hans van Meijl, Andrzej Tabeau, et al. Impact of EU biofuel policies on world agricultural production and land use[J]. Biomass and Bioenergy, 2010, 35（6）：2385-2390.

[8] Jeroen C J Groot, Walter A H Rossing, Muriel Tichit, et al. On the contribution of modelling to multifunctional agriculture: Learning from comparisons[J]. Journal of Environmental Management, 2009, 90（Supplement 2）：147-160.

存分析法在政策效应模拟领域的效果进行了比较研究，认为 CLUE-S 模型在区域尺度上预测多种土地利用类型的变化以及对不同政策条件的响应等方面存在优势。

本章对 CLUE-S 模型进行改进，主要集中在对空间分析模块中土地利用驱动因素的选择和对非空间分析模块中土地利用需求的计算上。在干旱与半干旱地区水资源是影响土地利用最主要的驱动因子，因此，本章利用简化的 CLUE-S 模型，从水资源因子入手，将土地的自然生态适宜性、经济适宜性、社会适宜性三者耦合，进行综合分析、全面衡量，以确定土地的主宜性，对土地利用进行情景预测研究。如果可持续利用条件下的经济适宜性和社会适宜性均高于其他利用方式，则可认为该种利用方式就是土地的主宜性；反之，则不是土地的主宜性。如果土地的经济适宜性和社会适宜性不一致，也就是说，土地在某种利用方式下的经济适宜性高而社会适宜性低（或反之），而在其他方式下的经济适宜性低而社会适宜性高（或反之），这时，必须进行综合分析。

为了方便分析，本研究采用经济—社会适宜性指数（$ESSI$）这一定量指标进行评价[①]，$ESSI$ 可用下式表示：

$$ESSI = a \times ESI + b \times SSI \cdots$$

式中：$ESSI$——土地的经济—社会适宜性指数；ESI——土地的经济适宜性指数（反映经济适宜性的高低）；SSI——土地的社会适宜性指数（反映社会适宜性的高低）；a、b——ESI 和 SSI 的权重系数。为了使 $ESSI$ 值保持在0~100之间，以便于计算、比较、分析，规定 a、b 取值均在0~1之间，且二者之和等于1，ESI 和 SSI 取值均在0~100之间。

1. a、b 值的确定

经济适宜性和社会适宜性是划分土地主宜性的两个依据，二者同等重要。可大致将其权重系数视为等值，即均取值为0.5。

---

① 杨子生.土地适宜性评价中"主宜性"划分问题之探讨[J].自然资源学报，1991，6（3）：286-292.

2. *ESI* 值的确定

采用"样标值法"来确定。若经济效益采用绝对数量指标 *PIG*（产—投差）表示，以 PIG_i（i=1，2，3…）表示土地作为某一利用方式可能取得的经济效益，以 PIG_i 中的最高值作为样标值，并用 PIG_m 表示，则 *ESI* 值可由下式求得：

$$ESI = PIG_i / PIG_m \times 100$$

上式中，之所以乘以100，是为了保证 *ESI* 值在0～100之间。

3. *SSI* 值的确定

社会需求性程度可大致划分为两个等级，即最急需求和一般性需求。确定 *SSI* 值，也就是给这两个等级分别赋分。"最急需求"这一级别赋给满分，即100；"一般性需求"这一级别赋给及格分，即60。按上述方法，可以大致估算出不同利用方式的 *ESSI* 值，根据该值的大小，即可确定出土地的主宜性，亦即土地可持续利用的最佳方式。

第四节　土地可持续利用评价的内涵

一、土地利用系统的可持续性分析

土地利用系统是一个典型的自然—经济—社会复合系统，是人与自然环境相互作用的集中体现。土地利用可持续性就是实现土地生产力的持续增长并保证其稳定性，保证土地资源具有良好的开发、再利用潜力，并防止土地退化，使之具有良好的经济效益和社会效益。土地利用可持续性可以从生态、经济、社会三方面进行评价。

土地利用系统的核心是自然—生态子系统和社会—经济子系统之间的相互联系和共同作用。土地利用系统可分为不同层次，在较低层次上，自然—生态因素起决定作用，如在生态条件脆弱的干旱地区，水资源条件是制约经济发展的主要障碍，导致这些地区处于非常落后的状态；而在较高层次上，社会—经济因素起主要作用，但它们相互联系、相互作用，共同组成一个有机体。土地利用系统由一定的土地单位和一定的土地利用方式构成。土地利用可持续性评价应针对不同的土地利用方式，从自然、社会、经济三方面进行综合评价，并考虑这些因素在可预见的较长时间内的变化和稳定性。

二、土地利用可持续性的特点

土地利用可持续性不仅涉及时间因素，还涉及空间尺度。持续性是适宜性在时间上的扩展，土地适宜性是一种现状评价，土地利用的持续性是评价一块土地在更长时期内是否适于某种土地利用方式。一种土地利用方式只要在未来可预见的较长时期内未引起明显的或永久性的土地退化，通常认为这种土地利用方式是可持续的。

土地利用可持续性需要从生态、经济和社会三方面综合考虑，但在不同的空间尺度上侧重点不同。按照地块、地段、地方、区域、国家、全球的顺序，土地利用可持续性的主要约束因素可能依次为农业技术、微观经济、生态因子、宏观经济和社会因子、宏观生态因子。

第五节　基于水资源条件下的土地可持续利用评价体系

水资源短缺是干旱与半干旱地区耕地保护和开发中面临的重要问题。干旱地区土地广阔，水资源匮乏，水土关系紧张，水资源和土地开发利用的矛盾最为突出。因此，本研究主要从水资源和土地利用两方面入手，利用层次分析法确定水资源作为驱动因子对土地利用的驱动作用和不同土地利用方式间的转换系数，进而确定不同情景下土地利用分配序列。在人口预测的基础上，根据不同的发展目标，在保障粮食安全的前提下，利用 Logistic 回归模型和变化的柯布道格拉斯生产函数，通过不同粮食自给率判断不同发展路径下的土地需求。

在水资源和土地利用的供需平衡分析中引入不同目标指向的发展路径分析，构造供需平衡矩阵，模拟各种水资源状况下区域土地利用情况，可更为全面和清晰地探索确保区域经济可持续发展的土地利用方式。在时间尺度上，本研究以20年作为预测目标期，在这一时间段内，用地类型可进行较为充分的调整。

本研究采用自然生态、经济、社会三者的耦合，对土地可持续利用进行综合评价，即在对土地适宜性进行自然生态学分析的基础上，充分考虑土地资源开发利用的长期社会效益和经济效益，通过权重分析，最终确定土地作为某种用途可持续利用的最终结果。

首先针对区域的土地利用方式，进行生态评价，根据所选择的影响土地利用的环境指标和标准，确定该土地利用方式导致的环境变化的方向。然后在此基础上对其进行经济评价，即是否达到经济上可行。若经济上可行，则进行社会评价，即评价土地利用方式是否符合社会可接受的要求。只有满足生态合理性、经济可行性和社会可接受性，才能保证区域土地利用的可持续性。

求取区域各项指标的自然得分一般有两种方法。

方法一：首先按研究区域的实际确定每项指标的理想值，然后用区域内各项指标值乘以该项指标的理想值，得到该项指标的自然得分。

计算公式为：

$$A_i = \frac{100 \times X_i}{X'_i}$$

式中：A_i——区域内第 i 项指标的自然得分；X_i——第 i 项指标的实际值；X'_i——第 i 项指标的理想值。

方法二：直接用区域内的各项指标值除以该项指标最大值求取自然得分。计算公式为：

$$A_i = \frac{100 \times X_i}{\max X_i}$$

式中：A_i——区域内第 i 项指标的自然得分；X_i——第 i 项指标的实际值；$\max X_i$——第 i 项指标的最大值。

权重是各项指标在指标总体中重要程度的度量。因此，权重确定得是否科学合理，直接影响评估的准确性，是评估过程中一个极其重要的因素。当前评估指标体系权重的确定大致可以分为两类：一类是主观赋权法，另一类是客观赋权法。在具体应用中，我们可以根据实际情况采用适当的赋权方法来确定各指标的权数。

土地可持续利用评价包括自然生态学评价、经济学评价和社会学评价，评价过程的核心是综合评价。

一、自然生态学评价方法

土地资源是自然环境的重要组成部分之一，水资源、植被、地质条件等自然要素都会影响土地资源可开发利用的多寡程度、难易程度等。同时，土地资源的开发利用又会影响自然要素，使自然要素发生变化。如本文研究的干旱地区，水资源匮乏严重影响当地经济的发展，还会造成水土流失的恶性循环。

要反映干旱地区土地利用方式与当地自然生态环境的适宜性，即分析和确认土地利用方式对土地资源的基本属性和演变过程的影响及其结果，应从干旱地区生态过程（水分循环、养分循环、能量流动和生物多样性）分析土地利用方式的合理性，相应的综合指标为人均绿地面积、植被覆盖度，园地、林地、牧草地占土地总面积的比重，土壤肥力状况、土壤污染状况、土地荒漠化状况、环保投资比重等。作为基础的定量指标为植被覆盖度、耕地年减少率、人均耕地面积、单位面积土地上水资源的保有量等。土地可持续利用的自然生态学评价是评价某种土地利用方式在目前及较长时期内对土地的基本属性和生态过程的影响。评价公式为：

$$U_1 = W_1 A_1 + W_2 A_2 + \cdots\cdots + W_n A_n = \sum_{i=1}^{n} W_i A_i$$

式中：U_1——区域的生态指标加权平均分；W_i——生态指标中第 i 指标的权重；A_i——生态指标中第 i 指标的自然得分。

二、经济学评价方法

经济学评价方法中，较为可靠的有效指标有以下两种。

1. 产—投差

即土地作为某种用途的产出量与投入量之差值。若以 PIG 代表产—投差，P 代表产出量，I 代表投入量，则可表示为 $PIG=P-I$。

2. 产—投比

即土地作为某种用途的产出量与投入量之比值。若以 PIR 代表产—投比，则可表示为 $PIR=P/I$。

上述两式中，PIG 和 PIR 表示的意义有相同之处，即均表示土地利用经济效益的大小，不同的是 PIG 表示的是经济效益绝对数量值，而 PIR 表示的是经济效益相对数量值。但在分析经济效益大小时，并不一定要同时采用这两种指标，可以根据具体情况，采用其中之一。另外，上述两式中的 PIG、PIR 既可用实物量表示，也可用价值量表示，还可折算成能量或其他单位。鉴于农业、林业、牧业等不同产业的产出实物量之不同，很难进行直接对比，故不宜采用实物量表示。至于价值量，因其常受价格波动之影响，比较起来也有一定困难。因此，较为理想的方法是将实物量折算成能量或其他单位来表示。不过，农、林、牧业产出的是食物能，与林业产出的能量有着本质区别，不能进行对比。因此，能量单位表示法只适用于农业与牧业产出量之间的对比。很多时候，不同产业之间的产品产出量根本无法找出其他共性的东西来统一标准，这时候还是只能以价值量来表示，可选定某一年作为标准价格年（不变价）进行折算。

土地可持续利用的经济学评价是评价土地在可持续利用方式下所产生的经济效益的大小。评价公式为：

$$U_2=W_1A_1+W_2A_2+\cdots\cdots+W_nA_n=\sum_{i=1}^{n}W_iA_i$$

式中：U_2——区域的经济指标加权平均分；W_1——经济指标中第 i 指标的权重；A_i——经济指标中第 i 指标的自然得分。

三、社会学评价方法

社会学评价方法所采用的指标相当复杂，但根据评价因子在评价系统中所处的状态，即对当前社会所造成的影响程度，可简单归类为最急需求和一般性需求两类指标。

1. 最急需求指标

最急需求是指社会对这种利用方式的产品很急需，且不可能全靠地区调节来解决，它的短缺将带来某种或很多社会问题。例如，粮食是当今社会最需求的产品。这是因为当今许多地方的土地、粮食与人口之间有着越来越尖锐的矛盾，粮食供需极不平衡，而粮食是人类生存的物质基础，"无粮则乱"，因而粮食便成为最急需的产品。对干旱地区而言，水资源的短缺是造成粮食和其他物质缺乏的根源，由此可见，水资源是干旱地区的急需资源。

2. 一般性需求指标

一般性需求是指社会对这种利用方式的产品（如肉食、奶制品、水果等）有需求，但并非没有就不行，因而不是最急需品，且这些产品一般都可通过地区调节来解决，一般不至于产生社会问题。

土地可持续利用的社会评价是评价某种土地利用方式是否符合社会的文化观、价值观，人们的接受度，以及能否满足社会发展的需求。评价公式为：

$$U_3 = W_1 A_1 + W_2 A_2 + \cdots\cdots + W_n A_n = \sum_{i=1}^{n} W_i A_i$$

式中：U_3——区域的社会指标加权平均分；W_i——社会指标中第 i 指标的权重；A_i——社会指标中第 i 指标的自然得分。

四、综合评价方法

1. 因子综合障碍度评价法

土地可持续利用评价的目的在于对研究范围内的土地可持续利用水平进行评判，尤其在于寻找可持续利用的障碍因子，从而有针对性地对土地利用行为与政策进行调整，这就需要对土地可持续利用进行障碍诊断。为简化问题的表达，本研究引入因子贡献度、指标偏离度和障碍度。因子贡献度是指单项因子对总体目标的影响程度，即单项因子对总体目标的权重，用 R_{ij} 表示；指标偏离度是指单项因子与可持续利用目标之间的差距，即单项因子指标评估值与1之差，用 P_{ij} 表示；障碍度是指单项因子对可持续利用综合水平的影响程度，它是障碍因子诊断的目标和结果，用 A_{ij} 表示。

因子贡献度计算公式为：

$$R_{ij}=r_{ij}\times W_j$$

式中：R_{ij}——第 j 个子系统第 i 项评价因子的因子贡献度；r_{ij}——第 j 个子系统第 i 项评价因子的权重；W_j——第 i 项单项因子所属的第 j 个子系统的权重。

指标偏离度计算公式为：

$$P_{ij}=1-a_{ij}$$

式中：P_{ij}——第 j 个子系统第 i 项评价因子的指标偏离度；a_{ij}——第 j 个子系统第 i 项单项因子的评价值。

障碍度计算公式为：

$$A_{ij}=P_{ij}\times R_{ij}/\sum_{i=1}^{j}\left(P_{ij}\times R_{ij}\right)\times100\%$$

式中，A_{ij} 为第 j 个子系统第 i 项评价因子的障碍度，由 A_{ij} 大小排序可以确定区域土地可持续利用障碍因子的主次关系和各障碍因子对可持续利用的影响程度。

2. 综合效益最大化评价法

传统的土地适宜性评价大多根据土地本身所具有的自然生态条件来分析确定土地的适宜性——单宜、双宜、多宜和不宜。无疑，这种研究不失一定的理论意义和实践意义。但是，土地适宜性评价的目的是直接为生产实践服务，为有关部门和单位指导生产实践提供科学依据。由于部分土地的生态条件较为优越，土地的适宜利用范围较宽，往往具有双宜或多宜的特点。因此，评价结果模糊不清，适宜生态较为宽泛，不利于指导具体的土地利用实践工作，从而很大程度上失去了应有的意义和价值。在土地适宜性评价中，针对多数土地具有双宜或多宜的特点，很有必要在土地的适宜利用范围内进一步划分出土地的主宜性。土地的主宜性，也就是土地合理利用的最佳方式，在满足土地可持续利用的基础上，使土地资源利用的效益最大化。

土地利用的可持续性是指"获得最高的产量，并保护土壤、水资源等生产赖以进行的资源，从而维护其永久的生产力"，即作为生产资料的永续性。这个概念包括生产的可持续性——获得最大的可持续产量，并使之与不断更新的资源储备保持协调一致；经济的可持续性——使经济保持稳定状态，需要解决经济增长的限制问题和生态系统的经济价值问题；生态的可持续性——生物遗传资源和物种的多样性、生态系统的平衡得到保护和维持；社会的可持续性——在保障土地产品可持续供给的同时，能使经济维持下去，同时被社会所接受，土地利用收益分配的公平性至关重要。因此，土地可持续利用综合评价是土地在自然生态、经济、社会条件共同作用下所产生的结果。评价公式为：

$$U=W_1U_1+W_2U_2+W_3U_3。$$

式中：U——土地可持续利用综合评价值；W_1、W_2、W_3——生态、经济和社会指标权重；U_1、U_2、U_3——土地可持续利用生态、经济和社会评价值。

第六节　小结

土地评价是土地开发利用的基础，传统的评价方式主要是为不同部门、行业服务的，土地适宜性评价只是对土地的某种或几种特定用途的适宜程度进行判断，局限性较大，缺乏全面性，而且大多采取定性的方式来评价，缺乏应有的科学性，不能客观地反映土地利用的综合水平。

土地是自然生态—经济—社会的复合体，要实现土地资源的可持续利用，就必须对土地的这三个属性进行均衡研究、综合考虑。本章就干旱地区土地资源利用的特点，结合 CLUE-S 模型，阐述了制约和影响土地可持续利用的因子的分析和评价方法，针对目前偏重定性评价、缺乏定量分析的现状，提出了土地评价因子定量化的方法。文中运用主成分分析法、层次分析法、神经网络等方法，引入因子贡献度、指标偏离度和障碍度等概念，对土地利用中的各因子进行定量评价，最终定量分析各因子对土地可持续利用的障碍程度，并对它们进行排序，便于在土地可持续利用中给予不同的关注度（即障碍因子的权重）。

第七章　适水发展的土地可持续利用规划

第一节　土地利用规划的概念及内涵

一、土地资源的概念及内涵

土地资源是十分宝贵的资源和资产，土地既是资源性资产，又是资产性资源。土地是人类赖以生存和发展的基本资源，是社会经济可持续发展的基础。任何一个国家和社会，土地资源都具有永恒的价值[①]。土地首先应该理解为一种自然资源，与水、生物、海洋、空气、阳光等融为一体，构成人类生存环境的自然物。土地作为自然物，其存在及自然属性与人类劳动无关。联合国环境规划署认为，所谓自然资源是在一定时间和技术条件下能够产生经济价值，以提高人类当前和未来福利的自然环境因素和条件[②]。有人将土地的自然资源成分分为四类：（1）地表，即地面、地表水、冰雪等；（2）地表附着物，如原始森林、草原及野生动植物；（3）地下矿物，含地下水；（4）与地表相联系的自然现象，包括太阳、降雨、气温及风等大气资源。土地资源是指土地作为生产要素和生态环境要素，是人类生存、生产和生活的物质基础和来源，可以为人类社会提供多种产品和服务，是已经开垦利用的土地和可以利用而尚未利用的土地（后者也称为后备土地资源）的总称。土地资源是农业自然资源的重要组成部分，

[①] 李元，鹿心社.国土资源与经济布局——国土资源开发利用50年[M].北京：地质出版社，1999：3–5.

[②] 沈镭.自然资源分类相关问题探讨及新分类方案构建[J].资源科学，2021，43（11）：2160–2172.

是其他农业自然资源（水、气候、生物）依附和发生作用的基础。其他农业自然资源的利用最终要与土地资源的利用发生联系。

土地作为自然生态—经济—社会的综合体，同时具有自然和社会经济双重属性。自然属性的差异对人类利用土地的效用产生影响，即人类为实现同样的经济效用，在具有不同自然特征的土地上所需投入的资本、劳力数量是不同的。马克思运用级差地租Ⅱ描述了土地的这种性状，他说："在面积相等的土地上，投入等量的物化劳动和活化劳动，所取得的收益是不一样的，它们之间的差值即为级差地租。"土地的社会经济属性是自然属性在人类利用土地时的表现，反映了土地利用中人与人之间的关系。

土地的自然属性主要有：（1）土地面积的有限性和空间位置的固定性。无论是从全球角度还是从一个国家、地区的角度而言，土地资源的数量都是固定不变的。无论规划方案怎样调整，土地如何分配，其总量是不会发生改变的。土地空间位置具有固定性，土地的土壤层可以剥离，附着物可以随意迁移，建筑物可以任意搬迁，但任何土地与其他土地的空间位置关系无法改变，无论是农用还是兴建建筑，土地都有很强的区位性。土地分布的区位差异是土地利用空间布局必须考虑的重要因素。（2）土地质量的差异性。土地是在太阳辐射、大气、热量、降水、地形、地貌等环境因素综合作用下形成的，上述环境因子在地球表面的分布具有明显的地带性，土地在地域上的这种分布规律就形成了土地质量的差异性。这种差异在农业土地利用上表现为土地肥沃程度不同，包括土壤结构、有机质含量、盐、酸碱度、养分等；在城市土地利用上表现为位置优劣程度，包括距离市场远近、交通运输便利程度、环境等因素。（3）土地功能的永续性。在农业土地利用上，地力虽因利用技术而变化，但土壤结构、气候、地形条件等自然属性不易改变，如利用得当，土壤有机质含量、酸碱度等也能提高或保持。在城市土地利用上，建筑物可以拆建，反复利用。也正是土地功能的永续性，使土地可持续利用成为可能。

土地的经济属性有：（1）土地报酬递减性。当投入某块土地的劳力与资本增加到一定数量时，会出现生产物的增加比例低于劳力与资本的增加比例。这点在农业土地利用和城市土地利用上都普遍存在，如在农业土地利用中，投入的人工肥力过多，会使作物减产；在城市土地利用中，高层建筑超过一定层次后就会出现报酬递减。因而土地的集约化利用是有限度的，不是集约化程度越高越好。（2）土地经济供给的稀缺性。农业土地的相对缺乏常集中在某几种农业土地上，如耕地数量少，优质耕地数量更少；城市土地供给也常常表现为某些位置和用途的土地相对缺乏，如靠近城市中心的商业、住宅用地缺乏。（3）土地适应物价变动的缓慢性。由于土地开发利用的成本投入很大，而产品的产出周期长，土地用途变更也很困难，再加上土地使用一般有承包期、租赁期、使用功能等方面的限制，因而土地的用途就不易随物价的变动而及时调整，总有一定的滞后性。正是由于这种特点，在确定土地利用方向时，一定要经过长期、周密、科学、系统的规划，不能随意改变用途。

二、土地利用规划的概念及内涵

土地资源是一个国家兴邦安民的重要条件，是国计民生的根本依据，是国家安全的基本保障。因此，土地的合理开发利用及其科学规划，一向受到人们的普遍重视。随着人口、资源、环境和发展问题的日益突出，土地资源成为全世界关注的核心问题，土地利用规划更成为各国研究的重要课题。

在系统论思想的影响下，20世纪五六十年代规划思想在各国呈现蓬勃发展的态势，于是便有了对规划概念的多种解释。但这些解释往往将规划作为一种可运用的手段来为特定的哲学认识、意识形态或思想观念提供服务，而忽略了对规划本质意义的理解[①]。也正因为如此，各种思想观念下运作的不同规划行动失去了相互交流的平台。土地利用规划作为规划大系统中的一个重要组成部分，也需要对其最本质的内在特性有深入的认识和理解，这既是土地利用规划学科发展的需要，也是土地利用规划作为人类的一项重要社会实践活动的需要。规划始于问题，源于实践。规划的目的是什么？人们对规划的期望是什么？规划在社会经济活动中实际上能起什么作用？这些作用与人们的预期有哪些差距？

---

① 董祚继. 中国现代土地利用规划研究[D].南京：南京农业大学，2007.

差距多大？为什么会有这些差距？通过对这一系列问题的思考，才能深刻认识到土地利用规划的本质特征。

　　土地利用规划是指在一定区域内，根据国家社会经济可持续发展的要求，结合当地自然、经济、社会条件，对土地资源的开发、利用、治理、保护在空间和时间上所做出的总体的战略性布局和综合性统筹安排。它是从全局和长远利益出发，把区域内全部土地资源作为研究对象，合理调整土地的利用结构和布局；以土地的有序开发、利用为核心，对土地开发、利用、整治、保护等进行统筹安排和长远规划。目的在于加强土地利用的宏观控制和有序的计划管理，合理利用土地资源，促进国民经济协调发展。

　　土地利用规划是实行土地利用管制的依据。土地利用规划的编制程序是：编制规划的前期准备工作；对区域内土地进行调查研究，提出土地现状利用中存在的问题，提交土地利用战略研究报告，编制土地利用规划方案；土地利用规划的协调论证；土地利用规划的评审和报批。土地利用规划报告是土地利用规划主要成果的文字说明部分，包括土地利用规划方案和方案说明。编制土地利用规划方案是在土地利用现状分析、资源分析，以及土地利用战略研究的基础上，根据土地利用规划的目标和任务而进行的。土地利用规划方案的主要内容有：导言、土地利用现状和存在问题；土地利用目标和任务；各部门用地需求量的预测、地域和用地区域的划分；土地利用结构和布局的调整；土地利用规划实施的政策和具体措施。规划方案说明的主要内容包括：土地利用规划方案的编制过程；编制土地利用规划的目的和依据；土地利用规划主要内容的说明；土地利用规划方案实施的可行性论证等。

　　编制土地利用规划要遵循以下原则：（1）严格保护基本农田，控制非农业建设占用农用地；（2）提高土地利用率；（3）统筹安排各类、各区域用地；（4）保护和改善生态环境，保障土地的可持续利用；（5）占用耕地与开发复垦耕地相平衡。各级人民政府依据国民经济和社会发展规划、国土整治和资源环境保护的要求、土地供给能力以及各项建设对土地的需求，组织编制土地利用规划。全国和省级土地利用规划为宏观控制性规划，主要任务是在确保区域或地区内耕地总量动态平衡的前提下，统筹安排规划范围内的各类用地，控制城乡建设用地的规模。县、乡土地利用规划为实施性规划，特别是乡镇土地利用规划，要具体确定每一块土地的用途，并通过报纸公告、张贴布告、设立公告牌等方式向社会公告，公告的内容包括规划目标、规划期限、规划范围、地块用途、批准机关以及批准日期。土地利用规划实行分级审批制度，由国务院和省级人民政府二级审批，一经批准必须严格执行。土地利用规划的修编必须经原批准机关批准，未经批准不得改变土地利用规划确定的用途。土地利用规划的具体实施措施包括：土地利用规划经同级人民代表大会常务委员会审议通过后，报上级批准，作为地方性法规文件，由当地同级人民代表大会监督执行；土地利用规划必须纳入国民经济和社会发展计划中去，并由政府制定与之相配套的实施条例，对土地利用规划有关问题做出具体规定；理顺土地的产权关系，通过市场经济的手段促进土地利用规划的实施；逐年落实土地利用规划的各项控制指标，开展土地利用的动态监测，监督保证土地利用规划的顺利实施。通过建立领导责任制、公告制度、建设项目用地预审制和监督检查制等管理制度来保障土地利用规划的实施。

三、土地可持续利用规划的定义

（一）可持续发展的概念及内涵

"持续"（sustain）一词来自拉丁语"sustenere"，意思是"维持下去"或"保持继续提高"。针对资源与环境，则应理解为保持资源的生产使用性或资源基础的完整性，意味着自然资源能够永远为人类所利用，不致因其耗竭而影响后代人的生产与生活[①]。

20世纪六七十年代以后，随着公害问题的加剧和能源危机的出现，人类逐步意识到把经济、社会和环境割裂开来谋求发展，只能给地球和人类社会带来毁灭性的灾难。源于这种危机感，可持续发展的思想在20世纪80年代逐步形成。

---

① 胡涛，陈同斌.中国的可持续发展研究——从概念到行动[M].北京：中国环境科学出版社，1995.

　　"可持续发展"一词在国际文件中最早出现于1980年由国际自然保护联盟（现称世界自然保护联盟）制定的《世界自然保护大纲》。这一概念最初源于生态学，后应用于林业和渔业，指的是对资源的一种利用和管理战略，也就是仅将全部资源中富足的一部分加以收获，新生长的资源数量足以弥补所收获的数量，使整个资源系统的稳定性不被破坏。例如某一区域内渔业资源的可持续生产是指鱼类捕捞量适当低于该指定区域的鱼类每年自然繁殖的数量[①]。经济学家由此提出了"可持续产量"的概念，这是对可持续性进行正式分析、研究的开始。1987年，受联合国委托，以挪威前首相布伦特兰夫人（Gro Harlem Brundtland）为首的世界环境与发展委员会的成员们，把经过4年研究和充分论证的报告——《我们共同的未来》提交给了联合国大会，正式提出了"可持续发展"的概念和模式。

　　可持续发展是一个内涵极为丰富的概念，其核心是正确处理好人与人、人与自然之间的关系，但由于不同的研究者所立足的角度不同，对可持续发展的理解也不尽一致、强调的侧重点也不相同，因此，也就出现了各种各样关于可持续发展的定义。

　　至今对可持续发展做出明确界定并在全世界范围内取得共识的，是由挪威前首相布伦特兰夫人主持、由世界环境与发展委员会、联合国环境规划署合作研制、于1987年向第42届联合国大会"环境与发展会议"提交的研究报告《我们共同的未来》中所提出的可持续发展的定义："既满足当代人的需要，又不对后代人满足其需要的能力构成危害的发展。"[②]它包括两个重要的概念：一是"需要"，尤其是世界上贫困、落后地区和人民的基本需要，应将此放在特别优先的地位来考虑；二是"限制"，技术状况和社会组织对环境满足眼前和将来需要的能力施加的限制。该定义体现了以下原则：（1）公平性原则，包括代内公平、代际公平和公平分配有限资源；（2）可持续性原则，即人类的经济和社会发展不能超越所在地区资源和环境的承载能力；（3）共同性原则，指由于地球上所

---

① 张坤民.可持续发展论[M].北京：中国环境科学出版社，1997.

② World Commission on Environment and Development（WCED）.Our Common Future[M]. Oxford：Oxford University Press，1987.

有物质和生物的整体性和相互依存性，一个国家不可能单独实现本国的可持续发展，可持续发展是全球全局性的发展总目标。这一定义的文字表述具有浓厚的感情色彩和伦理色彩，可对其做出各种不同的理解和推论，可持续发展的许多其他定义基本上都由此演化而来。

（二）土地可持续利用规划的概念及内涵

人们对土地可持续利用规划的理解有很多种，有的人认为，土地可持续利用规划是指能够满足当前和未来人们粮食需求和经济、社会持续、稳定、协调发展的土地利用结构和利用措施；也有人认为，土地可持续利用是指提高人类生活质量和环境承载力的、既满足当代人需求又不损害子孙后代利益，高效的、持久的土地资源利用方式；还有人认为，土地可持续利用是指土地的使用既能适应当前社会经济的发展和人们生活水平的提高，满足人们居住、娱乐、休闲、旅游、交通运输等活动的需要，又保证后代人有可以持续利用的土地资源，不侵犯后代人生存和发展的空间。由此可见，所谓土地可持续利用规划，是指土地资源的开发、利用、整治与保护等一系列行为，既要满足当代人的需求，又不对满足后代人的需求构成危害，实现人与土地关系、人与人关系协调统一的一种土地利用模式。

最具权威性的是联合国粮食及农业组织1993年拟定的《可持续土地管理评价大纲》对可持续土地管理所下的定义："可持续土地管理是将技术、政策、社会经济原则与环境保护融为一体，目的是保持或提高生产与服务能力（生产性）、降低生产风险（安全性）、保护自然资源潜力及防止土壤退化（保护性）、经济上可行（可行性）和社会可接受（可接受性）。"[①] 这个定义的特点在于集中谈到"土地利用（管理）"和"持续性"两个核心概念，并且将概念的限定性与广泛性较好地结合起来。该定义对土地可持续利用规划的目标有以下几个方面的基本要求：（1）有利于保持和提高土地的生产能力，包括农业和非农业的生产力以及环境美学方面的效益。（2）有利于降低土地生产风险，使土地产出相对稳

---

① FAO.FESLM：An international framework for evaluating sustainable land management[R].World Soil Resources Report，1993.

定。（3）保护自然资源的潜力，防止土壤与水质退化，在土地利用过程中必须保护土壤与水资源的质与量，特别是保证耕地的质与量，以公平地给予下一代。（4）经济上的可行性。开发利用土地的目的在于从土地上获取经济利益，如果某种土地利用方式在该区域或地区是可行的，那么这种土地利用方式一定是有经济效益的，否则它将无法存在下去。（5）社会可接受性。如果某种土地利用方式不能为社会所接受，那么这种土地利用方式必定会失败。由此可见，土地的生产性、安全性、保护性、可行性和可接受性是土地可持续利用的五大基本目标，而这些目标也构成了评价土地利用可持续性的基本标准。但该定义在应用层面上对可持续性的限定还是显得过于宽泛，尤其是土地可持续利用的五大目标在重要程度上并无明显差异，这样对土地可持续利用反而更难理解和把握。因此，这一定义更适合用于土地可持续利用的评价，而不能作为土地可持续利用规划的编制依据和导则。

由于以上原因，国内外许多学者试图从新的理解角度或者以更简单的方式来加以描述。美国学者 Yong（1989）从土地科学的角度给出的定义是"在土地上获得最高的收获产量，并保护土地的土壤、水分等赖以生产的自然资源，从而维持土地永久的生产力的利用方式"。Hart 和 Sands（1991）从系统科学的角度将土地可持续利用定义为"利用自然和社会经济的资源，生产当前社会经济和环境价值超过商品性投入的产品的同时，能使将来的土地生产力及自然资源环境得以保持"。谢经荣、林培[1]认为土地可持续利用是"能够满足当前和未来人们粮食需求和社会协调、平衡发展的土地利用结构和利用措施"。周诚[2]认为土地可持续利用实际上就是土地的永续高效利用，它具有宏观和微观意义，既要求人地之间取得平衡，不能使土地承载力过大，降低人的生活质量，又要求高效利用每块土地，使其发挥最大的效能。

由此可见，各个国家和地区由于发展水平不同，面临的土地问题也不尽相同，所以对土地可持续利用的理解和定义也不同。在土地科学的范畴中，与土

---

① 谢经荣，林培.论土地持续利用[J].中国人口·资源与环境，1996，6（4）：13-17.

② 周诚.论我国城镇地价的构成、量化、实现与分配[J].中国土地科学，1997，11（2）：19-23.

地可持续利用概念相关的表述也各有其侧重点。这表明不同学者对土地这一自然—经济—社会的复合体在认识角度上的差异和不同领域对土地属性及其功能需求的侧重。在发达国家和地区，人们侧重强调生活质量的提高，因而强调资源利用的环保效益；而发展中国家和落后地区，则是在提高经济效益的前提下，保持区域生态系统的平衡，这也是符合可持续发展的公平性准则的。因此，中国应根据本国国情，制定相应的土地可持续利用战略。从目前的情况看，给出一个既符合语义学、概念逻辑的要求，又具有可操作性，能被不同学科、背景和国情的人普遍接受的定义还很困难。但从土地科学的范畴出发，建立一个具有可操作性的概念框架，在此框架内来统一各种背景和观点的学者对土地可持续性的认识，还是可能的，也十分必要。

从总体来看，土地可持续利用应该涵盖下述几个方面的重要内容：

在自然生态学角度上，是保持特定地区的所有土地均处于可用状态，并长期保持其生产力和生态稳定性；在社会—经济学角度上，是保持特定土地在特定用途下具有可靠、稳定的经济收益，比如从国家和地区的角度，保障粮食安全。对个人而言，每个人都有自己的理解和定义，他们的观点和行动在确定现有土地利用方式是否具有可持续性的问题上起着决定性作用[1]。

从时间上看，土地可持续利用不是只顾眼前，而是更看重长久的未来；从空间上看，不是只顾及一部分人的利益，而是放眼全体人类共同的利益。即对土地资源的开发利用，不仅要求当代人与后代人（代际）之间的公平，还要求当代人与当代人（代内）相互之间的公平。

从土地可持续利用的系统看，土地利用是在人口、资源、环境和经济协调发展战略下进行的，即土地可持续利用要在保护生态环境的同时，促进经济增长和社会繁荣，实现人口、资源、环境和发展的协调。

与传统土地利用方式相比较，土地可持续利用更多的是强调土地利用的可持续性、协调性和公平性。

---

[1] 唐华俊，陈佑启，伊·范朗斯特.中国土地资源可持续利用的理论与实践[M].北京：中国农业科技出版社，2000.

　　我国目前正由传统的农业国家向现代化、工业化国家发展，随着经济的快速发展，产业结构将发生很大变化。为满足人口增长和工业发展对土地的需求，土地在各产业的分配也将发生相应变化。我国的土地可持续利用除保护土地资源、保证其生产力的可持续性外，还应调整各产业用地之间的矛盾，使用地结构能保证整个社会经济健康、平稳地发展，这与发达国家土地可持续利用和可持续发展概念有所不同。我国人口众多，人地关系极其紧张，而且有相当一部分地区土地资源丰富，但人类赖以生存的自然资源匮乏，造成东部和西部、南方和北方社会经济发展和产业结构存在较大的差异，我国东南沿海地区水资源充沛，气候条件良好，经济发展迅速，西北地区自然资源丰富，但长期受水资源等因素的制约，经济发展较为缓慢。也正是由于这个原因，我国人口分布存在巨大的差异性，东南部人口众多，土地稀少，人地矛盾突出，西北部地广人稀，土地荒芜现象严重，经济落后。但我国西部地区矿产、电力等资源极为丰富，伴随西部大开发战略的实施、新技术的应用，研究西部地区资源优势和开发利用技术，调整西部产业结构，将对我国西部地区社会经济的发展产生深远影响，同时也为缓解我国东部地区的人口压力提供良好的契机。本章以干旱地区为例，通过研究协调干旱地区有限的水资源，调整干旱地区产业结构布局，使当地水土资源在可持续利用条件下得以发挥最大效益，即针对干旱与半干旱地区土地利用规划提出"适水发展"的规划思想，旨在充分考虑当地水资源承载力，发挥干旱地区自然资源优势，调整地区产业结构布局，使地区社会经济稳定增长，同时为干旱地区实现社会经济的公平性和地区社会安定、民族团结创造良好条件。

四、适水发展的土地可持续利用规划

　　干旱与半干旱地区气候干旱，降水稀少，生态环境恶劣，土地宽广，矿产资源条件良好，但这些地区长期以来受水资源短缺的困扰，大片土地无法合理利用，资源开发也受到严重制约，因此，水资源短缺成为制约这些地区社会经济发展的重要因素。如何合理开发利用这些地区的土地和其他资源，成为众多专家学者研究的重点课题。

在广大干旱与半干旱地区，水资源十分珍贵，但由于这些地区经济、技术相对落后，水资源浪费较为严重，利用率较低，再加上技术落后造成水资源污染等，这一系列问题加剧了这些地区水资源匮乏的矛盾，严重影响了这些地区产业经济的发展，致使当地生态环境越来越差，社会经济长期处于较为落后的状态，更为严重的是水土流失、生态退化给这些地区的人口带来了生存危机。因此，合理开发利用这些地区的水资源和土地资源，即在科学合理地利用有限水资源的条件下，合理地保护和开发利用土地资源，保障这些地区粮食安全、社会经济稳定持续发展，成为当今世界亟待解决的重大课题，也是广大干旱与半干旱地区社会经济可持续发展的重要前提和保障。

在我国，水土资源方面的主要问题包括洪旱灾害制约社会经济发展、供水短缺与用水浪费并存、生态退化与水污染严重、产业结构和布局与水资源条件不相适应、水资源管理体制与制度创新不足。今后10～30年，我国还将面临洪旱灾害损失加剧、供水难度增大、水生态环境进一步恶化等威胁。因此，建立、健全节水型社会机制，加大水环境污染防治力度，保证水质和水环境安全，在干旱地区建立"适水发展"型社会体制，对干旱与半干旱地区生态、经济、社会可持续发展意义重大。根据干旱与半干旱地区实际情况，结合我国国情，我国适水发展的土地可持续利用规划应为：在水资源承载力条件下，维护土地资源可持续性和生态系统可持续性，支持人口、资源、环境和经济协调发展，以满足代内和代际水土资源需要，是能够满足当前和未来人们粮食需求和社会协调、平衡发展的水土资源利用结构和利用措施。

宁夏中部干旱带水资源严重匮乏，自然灾害频繁，十年九旱，农业增效、农民增收十分困难，是影响宁夏经济社会发展和社会主义新农村建设的重点和难点地区。近年来，该区域部分地区因地制宜，积极探索和发展以大小拱棚和二代日光温室为主的设施农业，设施农业节水、避灾、产值高、效益高，表现出良好的发展前景。实践证明，中部干旱带进一步挖掘资源潜力，紧紧围绕有限的水资源和充足的光热资源，大力发展节水高效的设施农业和旱作节水农业，同时，利用当地的矿产资源优势，适度发展工业等产业，不仅是从根本上改变旱作区群众生产生活问题的有效途径，也是宁夏建设现代农业、增加农民收入、发展当地社会经济的战略选择。

第二节　适水发展的土地可持续利用规划评价

一、适水发展的土地可持续利用规划的必要性

干旱与半干旱地区的生物生产力及其对人口的承载力是非常低的。当农牧业支撑不了过多的人口对食物的需求时，人们不得不开垦新的土地种植粮食。由于只抓粮食，实行单一的粮食种植业，造成无计划的土地开垦，使植被遭到严重破坏，导致水土大量流失，生态平衡失调，土地瘠薄，粮食产量低而不稳，燃料、肥料、饲料俱缺，长期处于愈穷愈垦、越垦越穷的恶性循环之中。草地开垦后，草皮被破坏，土壤裸露和被扰动，就会受到风蚀和水蚀，土壤沙化、贫瘠化，土地逐渐荒漠化。受降水量少的影响，干旱与半干旱地区几乎没有地面水可以用来灌溉，地下水资源储量也不丰富，因此，不可能大面积发展灌溉农业。对于旱地来说，即使投入肥料，也可能因为干旱而不能产生效用，导致粮食产量低、农业收益很不稳定。如果没有工业化和城市化创造的大量非农之外的其他就业机会，让农民有非农之外的收入维持生计，农民势必将所有压力放在生态脆弱的土地资源上，退耕的土地必然复耕，还可能大量开垦，土地荒漠化还会继续发生。

综上所述，针对干旱与半干旱地区水资源匮乏的实际，必须充分、科学、合理地利用好当地有限的水资源，真正科学合理、因地制宜地按照"适水发展"的思想，进行水土资源的合理调配与规划，从而保证该地区社会、经济、生态的持续、稳定、有序发展。干旱地区土地除用于农业生产外，部分作为城乡居住用地，由于水资源匮乏，当地几乎没有工业或其他产业。针对这种情况，本

研究提倡合理配置与使用水土资源，在干旱与半干旱地区发展高效节水农业，在保障农业和粮食安全的前提下，将节约的水资源用于适度发展工业，同时在工业内部采取相应的节水机制，减少工业用水量，提高工业用水效率，使其在规划期内达到零排放，并在工业园区附近建立人工生态景观系统，使工业污水经相应的污水处理设施处理后达到中水标准，排入生态景观系统，用于改善干旱地区脆弱的生态环境和补给当地地下水。

二、土地可持续利用的评价标准

从土地可持续利用的内涵看，土地可持续利用主要具有以下特征。

（一）时间和空间维度的相对稳定性

1. 时间维度

可持续性强调的是人类世代的传承，其本义就是事物在时间上的延续。土地可持续利用要求在对土地利用的分析中不仅要考虑起点时间和起始状况，而且要考虑在一定时期内满足人类需求的目标。确定合适的时间尺度和衡量标准是分析土地可持续利用的基础。

任何一种土地利用方式、土地利用系统或区域土地利用的可持续性，都是针对一定时间尺度而言的。不同尺度的空间单元（区域或地区的土地资源）、不同的土地利用规划决策者、不同的土地利用规划决策内容、不同的可持续性问题以及对土地造成不同影响的因子都各有其适宜的时间尺度。如某一种土地利用方式在2年内是可持续的，在7年后就不一定还能保持这种利用方式的可持续性。因此，可持续性的程度不同，其级别可以用时间来表示（作为指标），即置信度，表示这种土地利用方式可被接受的期限或评价者对该土地利用方式的信心（见表7-1）。

表 7-1　土地利用可持续性的级别与置信度 [①]

级别	置信度
长期可持续性	25 年以上
中期可持续性	15 ~ 25 年
短期可持续性	7 ~ 15 年

　　上述建议的分类系统中，选择7年作为可持续性和非可持续性的分界是人为的，可以根据当地的实际情况进行调节。不同的人对土地可持续利用的时间理解有很大差异，土地可持续利用规划为了规避这样的具体年限限制，采用滚动的发展阶段来定义土地可持续利用的年限。社会经济发展阶段可分为经济快速发展期，经济与生态可持续发展期，社会、经济、生活和谐发展期。依照我国社会经济发展的置信度，土地利用的时间维度划分如表7-2所示。

表 7-2　土地可持续利用规划的时间维度表

社会经济发展阶段	时间尺度
经济快速发展期	15 年
经济与生态可持续发展期	25 年
社会、经济、生活和谐发展期	45 ~ 50 年

2. 空间维度

　　土地利用活动是在一定的地域空间范围内进行的，不同空间尺度的土地利用单元会导致决策者的总体目标存在差异，土地可持续利用评价的侧重点也不会完全相同。一般在大空间比例尺（小范围）层次上，自然—生态因子起主要作用。其土地可持续性是指通过各种经济技术手段，在尽可能减少能源和其他

[①] FAO. FESLM：　An international framework for evaluating sustainable land management[R].World Soil Resources Report，1993.

自然资源消耗，保证生态环境不超过其承载能力的前提下，使经济效益达到最大化。而在小空间比例尺（大范围）层次上，社会—经济因素起重要作用。其土地可持续性是指运用各种综合手段，使生态效益、经济效益和社会效益三个方面都达到最大化，而不是单纯追求某一方面的目标。例如，对于具体的农田，土地利用的目的是提高土地的生产力和生产的经济效益，制约土地可持续利用的主要因素是农业技术、资源条件（如干旱与半干旱地区的水资源）。对于农场，其发展的目标是在更大尺度上满足几代农场家庭的生活需求，扩大生产优质高产的农产品土地的面积。在此空间尺度上制约土地可持续利用的主要因素除了微观经济因素外，还与区域市场经济条件有关。

（二）系统的动态性

传统的土地利用规划基本是静态规划的过程，而在市场经济条件下，水土资源利用规划具有明显的动态性。土地利用系统和一般系统一样，具有从简单到复杂、从低级到高级、从无序到有序的演进过程，随时间的推移和系统影响因素的变化，其结构和功能都会发生变化。对于可持续性而言，变化未必都是逆向的，这就是说对土地可持续利用的衡量是一个动态的过程。人们对可持续性的认知，会随着人们的观点、思想、道德、伦理等的变化而发生改变。在某一特定时期，可持续性可以说是一个主观的概念，会随着人们观念的改变而发生转变。

（三）主体多元性和目标多样性

土地可持续利用系统是人类有目的地利用土地的人工生态—经济系统，不同等级、不同层次的土地利用系统，其主体也不完全相同，土地可持续利用的目标也多种多样。例如，全球土地利用系统的主体是整个人类，而区域土地利用系统的主体是本区域的全体公民。在农业土地利用系统中，它的行为主体是农民。同时，不同的主体都有各自的目标。

（四）系统的整体性和开放性

土地利用的目的与管理措施共同构成了土地的利用方式，土地利用方式与土地利用单元构成了土地利用系统。土地可持续利用系统是一个整体，不仅包括土地的自然属性，还包含人类活动的干预。土地利用系统的全部组成要素的综合特征决定了土地性质，土地性质不从属于其中任何一个单独要素。因此，在土地可持续利用研究中，要综合考虑土地利用过程中的所有要素，不仅要分析土地利用系统内生态、经济和社会等因素的可持续性，还要分析这些因素对土地可持续利用系统的综合作用和影响。土地可持续利用不仅要研究本区域内土地的科学、高效利用方式，实现区域内土地利用的生态效益、经济效益和社会效益协调，还要研究区域内土地利用对区域外部环境造成的影响。任何一个层次上的系统都是更高一级层次系统的子系统，同时又是更低一级层次系统的母系统。因此，对于特定水平的土地利用，其系统是一个开放系统。

第三节　适水发展的土地可持续利用规划理论及其模型

适水发展的土地可持续利用规划的对象是土地和水资源本身，其研究对象具有较强的动态性，主要表现为土地资源和水资源利用发展都是动态和不可预见的。土地利用和水资源利用本身都是一个十分综合、矛盾的过程，尽管它们都有一定的发展规律，但很难准确地确定它们未来的发展轨迹。尤其是随着市场经济体制的引入，我国水资源和土地资源利用在很大程度上受市场和经济的影响，其未来发展具有更大的动态性，同时随着水土资源有偿使用制度的大面积推广，我国水资源和土地资源利用本身几十年来僵化的状态被激活，逐渐活跃化。水土资源利用的这种模糊性、开放性和非理性化，决定了对水土资源利用水平的预测只能是相对的、近似的，不能用纯理性和静态的方法来认识水土资源利用。也正是由于水土资源作为当今世界发展的稀缺资源，决定着一个国家、一个地区的兴衰与未来，而且处于矛盾的动态体中，这也就决定了在严重缺水的干旱与半干旱地区，要实现水土资源的可持续利用，就必须以动态的方法解决这些地区的水土资源规划与利用。

一、水土资源可持续利用规划的动态性

所谓动态，就是永远不停顿地持续下去，这与可持续发展的精髓不谋而合。

水土资源可持续利用规划就是一种动态规划，其规划行为是连续且不间断的，从而形成了"规划是一个过程"的概念，这与单向封闭的静态规划相比，具有根本性的进步。

水土资源利用规划的目标是对水资源和土地资源进行科学的预测，通过合理的规划利用，争取达到未来预期的状态，这与规划的决策者和规划师的价值观念、评判标准以及当时当地的外部环境密不可分。传统的做法是，规划的决策者根据自己的观念和对规划的理解，提出规划目标，规划师根据自己的价值判断制定出一个符合决策者意愿的争取达到的未来状态，而决策者和规划师的价值观念与评判标准也会随着对外部环境认知程度的变化而改变。任何规划或者规划的任何一个阶段都是在一定的历史条件下进行的，都难以摆脱其历史局限性，在社会发展的历史进程中，人们的价值观念和评判标准在不断地提高，因此，任何一个规划都不可能是永恒的、一成不变的，何况规划系统内部的水资源和土地资源本身就处于一个动态的环境中。由此可见，编制规划时制定的目标，在未来发展过程中必定会过时（或者业已实施的目标），任何对水土资源利用制定的目标都绝对不可能成为水土资源利用规划的终极目标。在水土资源可持续利用规划过程中，随着规划的实施，要不断修订原有的规划目标，通过目标的不断调整，使规划趋于完善。但这并不意味着没有目标，或者根本无法制定目标，毕竟水土资源的动态环境还存在着相对稳定的因素，如土地总面积、水资源总量等。

水土资源的这些特性并不意味着我们无法认识它们，因为它们在一定程度上是相对稳定的。随着人们对水土资源重要性的认识不断提高，最近几十年来，人们为了能够更多、更好、更准确地掌握水资源和土地资源信息，系统论、遥感信息、计算机等科学技术被广泛地应用到水土资源利用规划领域，数学、生态学，甚至社会学等边缘学科的新成果也被应用于水土资源利用规划领域，这些多学科的综合运用，极大地丰富了水土资源利用规划的理论与方法。水土资源可持续利用规划虽是一个开放的、动态的连续过程，但必须在确定的建设发展期间，对水土资源从动态的不确定性和模糊性中求得相对准确和稳定的认知，比如可以将其分为近期、中期、远期若干个时间段，在实施过程中，以各阶段的相对稳定性作为目标，根据执行情况和市场环境的变化，在小的规划阶段内进行微调或修改后续规划，这样，水土资源利用规划就处于不断地修改和补充的动态中，这正好能很好地与水土资源的动态环境相结合，便于我们适时对规划做出调整，以适应水土资源的动态环境。如某一阶段的目标已完成，可将实施过程中的信息反馈到规划理论上，为进一步充实完善规划理论、确立新的目标提供重要的实证依据。

二、适水发展的土地可持续利用规划方法

传统的静态刚性规划最主要的特征是缺乏多种选择性，在实际的规划编制工作中表现为欲求唯一的最佳方案，但是这种最佳方案往往只是编制者自身价值观的体现，这种缺乏选择性的唯一的规划成果是极难适应土地利用的发展需要的。这种静态刚性的思想在一定意义上是不严肃不科学的，同时其本身已经孕育了土地利用实际对规划的否定。因此，适水发展的土地利用规划应该是一种弹性规划。水土资源利用的弹性规划既是一个成果，更是一个过程，是动态的系统。随着土地使用制度改革力度的加大和土地市场的进一步开拓，土地使用类型、土地权属的变更日趋频繁。土地利用规划应根据反馈的信息和社会经济的发展情况，每隔一段时间做相应修改和补充，以确保土地利用规划的动态指导性和现实性[①]。水土资源利用规划表现出明显的动态性，需运用动态规划方法解决这个动态系统中的问题。

动态规划的思想最早出现在社会学、经济学等随人类活动变化产生较大影响的领域。在这些领域内一系列多目标优化与决策问题长期困扰着人们，迫使一些数学家、经济学家突破传统常规的思维方法来解决此类问题，直到20世纪50年代，麻省理工学院的社会学家福莱斯特首先在工业领域根据工业的动态行为创立了工业动力学；并在此基础上形成了系统动力学的体系[②]。数学家贝尔曼

---

① 严金明，刘杰.关于土地利用规划本质、功能和战略导向的思考[J].中国土地科学，2012，26（2）：4-9.

② 顾永清.试论城市的动态规划[J].城市规划汇刊，1994（1）：38-41.

建立了动态规划的数学方法，作为数学规划的一个新分支。其研究的对象从早期易于理解的构造化领域逐步向模糊领域拓展，进而被广泛地用来分析一般社会系统的动态行为[①]。

动态规划研究的核心是动态行为，它具有两个基本特征：（1）动态规划是一个多阶段的动态决策过程，它包含的量总是随着时间和空间阶段的变化而变化，在每个阶段（阶段可以以时间、空间或其他相关因素人为地或自然地划分），系统都处于若干种可能的状态，由此可建立一个由各个阶段的决策变量序列而构成的目标决策函数；（2）动态规划是一种带有反馈性质的决策行为，含有目标体系—界定问题—方案选择—实施反馈的决策秩序。

动态规划不是一种算法，而是考察问题的一种途径。动态规划是一种解决多阶段决策问题的系统技术，可以说它横跨整个规划领域（线性规划和非线性规划）。当然，由于动态规划不是一种特定的算法，因而它不像线性规划那样有一个标准的数学表达式和一组明确定义的规则，动态规划必须对具体问题进行具体的分析处理。在多阶段决策问题中，有些问题对阶段的划分具有明显的时序性，动态规划的"动态"二字也由此得名。贝尔曼还从纯数学角度提出了著名的最优化模型，即在决策系统确定的情况下，使目标函数达到最大或最小，用在规划领域，就是使规划主体的既定目标在规划的期限内达到最理想的效益与状态，具体表现为使资源开发、社会经济发展和产业部门结构配置等方案在社会、经济与生态效应方面达到最佳，即动态弹性规划模型。

弹性规划是针对规划过程中不确定性问题而设立的，通过弹性供给方案抵消或弥补土地利用规划过程中的水资源条件制约或变化因素的影响，维持土地利用规划的相对稳定性，使可能产生的土地不合理利用损失降至最低。

（一）弹性规划理论

弹性规划是把多阶段决策问题表示为一系列单一阶段问题，把问题按其规律分成若干阶段或决策体系，利用递推关系，一个接一个依次分阶段或分过程做出最优决策，使每个阶段或过程达到最优的结果。弹性规划的基本概念如下。

[①] 顾永清.可持续发展与动态规划[J].城市规划汇刊，1999（4）：68-70.

1. 阶段

阶段是规划过程中需要做出决策的决策点。阶段的划分一般根据时间和空间的自然特征来进行，但要便于将问题转化为多阶段决策。一个多阶段决策过程，可以按时间或空间的顺序划分为若干个互相联系的阶段，以便于研究和决策。描述阶段的变量称为阶段变量，一般是离散的，记作 k（$k=1$，2，$\cdots$，n）。

2. 状态

状态是决策的每个阶段开始时所处的自然状态或所具备的客观条件，它描述了决策过程的过去、现在和将来的状况。它表示决策各阶段所处的位置和条件。它既是该阶段的始点，也是前一阶段的终点。状态不仅能反映过程的具体特征，而且能描述过程的演变。过程的实现，可以通过某一状态系列来表示，它是各阶段信息的传递点和结合点。描述状态的变量称为状态变量，通常计作 S_k。

3. 决策

决策是指决策者在所面临的若干个方案中做出的选择。在多阶段过程的每一阶段，当状态给定后，可以选择不同的决策，使过程依不同的方式演变。决策变量 $U_k(S_k)$ 表示第 k 阶段的决策。决策变量 $U_k(S_k)$ 的取值会受到状态 S_k 的某种限制，用 $D_k(S_k)$ 表示第 k 阶段状态为 S_k 时决策变量允许的取值范围，称为允许决策集合，因而有 $U_k(S_k) \in D_k(S_k)$。

4. 状态转移律

状态转移律是确定由一个状态到另一个状态演变过程的方程，这种演变的对应关系记为 $S_k+1 = T_k(S_k, d_k)$。

5. 阶段指标函数

阶段指标函数表示某一阶段的数量指标，是对应某一阶段决策的效率度量，也就是由状态 S_k 到状态 $X_k(S_k) = r[S_k, U_k(S_k)]$ 的数值。阶段指标函数也称为目标函数，它可以是离散性的，也可以根据问题的具体情况建立连续的数学模型。

6. 最优值函数

在多阶段决策过程最优化问题中，存在一个用以衡量所实现的过程的"优劣"的数量函数，称为指标函数。指标函数的最优值，称为最优值函数，计作 $f_k(S_k)$，它表示从第 k 阶段的状态到第 n 阶段的终止状态的过程。

（二）弹性规划的数学模型

最优策略具有如此性质，即不论初始状态和初始决策如何，对以第一个决策所形成的状态作为初始状态的系统而言，其后各阶段的决策必须构成最优策略。这就是贝尔曼最优性原理。

（三）建立动态弹性规划模型的方法 [①]

建立实际问题的动态弹性规划模型的步骤如下：

（1）把问题的过程恰当地划分为 n 个决策点；

（2）正确选择状态变量，对阶段 k 而言，除了其所处的状态 S_k 和所选择的决策 U_k 外，再没有任何其他因素影响决策的最优性了；

（3）确定决策变量及每一阶段的允许决策集合；

（4）正确写出状态转移方程；

（5）正确写出指标函数。

以上是构建动态弹性规划模型的基础，是正确写出动态弹性规划基本方程的基本要求。而一个问题的动态弹性规划模型是否正确，又集中反映在恰当地定义最优值函数和正确地写出递推方程及边界条件上。

三、干旱地区适水发展的土地可持续利用动态规划的基本模式

在干旱地区水土资源利用动态弹性规划中，最重要的目标是在有限的水资源条件下，取得经济、社会和生态三方面综合效益的最大化。水土资源的开发利用应有利于水土资源功能的发挥与目标的实现，从区域发展、城乡协调的角度，从全局和长远的利益出发，在保证耕地稳定、粮食安全的前提下，协调其他各业的用水、用地需求，协调区域内水资源配置，统筹安排区域内各类用地的规模和布局，合理安排规划范围内土地开发和整理，以促进干旱地区水资源

---

① 但承龙.土地可持续利用规划理论与方法[M].北京：经济管理出版社，2004：245-249.

和土地资源的充分、高效利用，保障社会经济的可持续发展。水资源和土地资源利用随社会与经济发展而不断变化，因此，应科学地分析不同阶段的经济社会发展水平，准确预测不同阶段、不同部门对水资源和土地资源的需求，坚持动态观，使水资源和土地资源利用近期、中期、远期相结合，留有余地。在前期定位的过程中，由于规划设定了水资源和土地资源利用需求和供给的动态弹性方案，因此应该依据弹性值域，合理地确定战略目标。根据前文所述，水土资源可持续利用动态弹性规划常见的基本模式有可持续规划模式和滚动规划模式两种。

（一）可持续规划模式和方法

可持续规划这一概念的完整阐述是 Melville C Branch 在其论著《连续性城市规划——城市管理与城市规划的结合》（*Continuous City Planning —Integrating Municipal Management and City Planning*）中首次提出的，它是对传统规划方法中规划目的和目标、编制规划方案的侧重点以及规划实施过程中修正和反馈技术等方面进行改进的一种尝试。

可持续规划的指导思想是将规划工作看作一个不断进行的连续过程，这与单向封闭的静态规划相比具有根本性的进步。可持续规划不为土地利用框定最终的目标，规划方案总是处于不断的修改和补充之中，随着土地利用现实的不断改变而改变，从而保证各层次规划的有机衔接，通过各层次规划实施的反馈和反馈调控体系，协调各时段规划。

（二）滚动规划模式和方法

滚动规划模式是指将确定的水资源和土地资源利用规划期限分为若干个时间阶段，往往以近期、中期、远期来划分，近期阶段为执行计划阶段，中期和远期阶段为预期计划阶段，以阶段划分为间隔期，根据规划执行情况和市场环境等方面的变化，适时调整和修改未来利用规划，并通过向后移动的方式续编一个规划。与单纯地以时间先后的规划相比较，滚动规划具有更强的连贯性、动态弹性和模糊性，并通过以前已实施阶段的信息反馈来调整开发的强度与进度（如图7-1）。由此可见，滚动规划模式有利于远近结合，是在动态系统中应对未来变化的较佳方式。

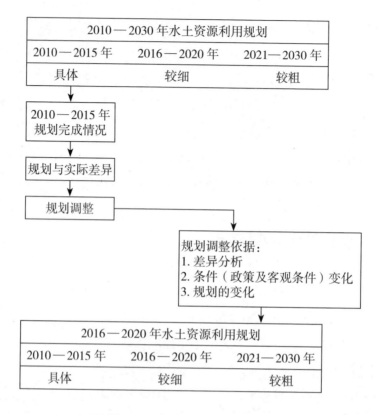

图7-1　滚动规划模式示意图

四、水土资源可持续利用规划动态性的相关基础理论

（一）不确定性理论

不确定性是不能准确反映事物本质的特性。科学哲学认为，不确定性中包括确定性，确定性又通过不确定性得以实现，因为事物的演变是有规律可循的，只是这种规律性有时太过复杂，人们难以完全把握。也就是说事物不是完全不可知，只是存在很多难以预料的因素。这种不确定性有两方面的含义：第一种是未来可能发生的事件和结果不可知；第二种是虽然知道可能发生的事件和结果，但是不知道其时间和概率[①]。

---

① 吴次芳，邵霞珍.土地利用规划的非理性、不确定性和弹性理论研究[J].浙江大学学报（人文社会科学版），2005，35（4）：98-105.

对未来水土资源利用的导向性是水土资源利用规划的重要目的，规划过程中存在着诸多不确定因素，因而水土资源利用规划是一个信息不完全确定的灰色系统。水土资源规划的本质是通过一系列不确定性推理，选择适当的未来行动。在市场经济条件下，水土资源利用规划系统内各因素在规划的各阶段随时都在发生变化，因此，水土资源利用规划是一个多阶段的动态决策过程。随着区域经济的快速发展和城市化进程的快速推进，水土资源利用规划中的各项因素必然会随之改变，从而导致规划产生更大的不确定性。规划中的不确定性不仅存在于规划的制定过程中，它同样存在于规划的实施过程中，这就是规划不确定性在内部和外部两个方面的体现。首先是来自内部的不确定性，即规划编制过程中信息、技术、目标这三方面的不确定性，是可调节和控制的；其次是来自外部的不确定性，即规划实施过程中的不确定性，是无法调节和控制的。规划的实施过程处于不断发展变化的环境中，因此，不确定性是水土资源利用动态弹性规划体系构建技术路线和选择数理模型的重要理论依据。由于水土资源利用及其利用结构调整等工作是全局性的工作，它会涉及、影响其他地区的生态和经济因素，这些因素之间相互影响、相互作用，共同构成了一个复杂的动态系统。

据有关研究证实，不确定性可以分为主观不确定性和客观不确定性。主观不确定性是可以通过对人的认知能力的加强得以改善的，而客观不确定性则是人的认知无法改变的。也可以将不确定性细分为结构性不确定性（制度、体制、自然环境等）、行为性不确定性（个人和系统的思想和行为）和结果性不确定性（结果变化方向、时间、大小）[①]。

水土资源利用规划中不确定性存在于规划编制、审批、实施和管理的各个阶段中，在不考虑未来不确定性因素（如物价上涨等经济因素）情况下，在不同的规划阶段中会出现规划与实际之间的偏差，如规划方案不能适应区域社会经济发展的需要，不能发挥控制或引导水土资源利用的作用，未能达到预期效

---

① 王万茂，王群.土地利用规划中不确定性的识别和处理研究[J].中国人口·资源与环境，2011，21（10）：84-90.

果，在实施过程中被重大调整和修改等，直接影响规划的实际效果。不同性质的不确定性应当采取不同的处理方法。水土资源利用的生态、经济、社会因素在很大程度上都具有不确定性。例如，单位面积的土地，其经济产出、水土流失量都不是确定的值，而是在一定范围内有所浮动。土地可持续利用规划的这种不确定性主要表现在四个方面。

1. 未确知性

与其他不确定性相比，未确知性是由决策者（或其他认知者）的主观原因或研究者对事物的真实状态或数量关系不能完全把握而引起的一种不确定性。社会经济系统的变化一般表现出非线性甚至异变的特征，由于科技发展水平等方面的局限性，人们在一定认知阶段无法完全理解各种动态因素，更无法掌握它们交互作用的影响。反映社会经济因素与水土资源利用关系的系统模型，最多只能对这种纷繁复杂的过程和作用因素中的部分因素进行抽象的简化，很难对系统非线性运动过程进行精准表述。在对社会经济因素的变化进行预测时，系统内部的变化就更复杂了，系统仿真模型本身就有失真。如采用自然增长预测模型对人口增长的预测是逐年增加的，但实践中出现的情况远比此复杂，经济落后地区或农村，人口因外出打工而急剧减少，经济发达的大中城市因外来人口大量涌入而急剧增加。

2. 模糊性

模糊性是事物本身及其发展过程中普遍存在的客观事实，在土地可持续利用系统中，模糊概念也普遍存在。水土资源利用系统要由人进行规划、论证、评价、决策和管理，这就必然会存在由于人的认知能力而造成的模糊性，也正是由于这个原因，我们不能忽视这些客观外界事物在人脑中反映的不精确性——模糊性，即事物本身属性的模糊性，这是由客观差异的中间过渡性所造成的划分的一种不确定性。

传统的规划方法和技术不能反映系统的这些不确定因素，其通过种种方式将各种不确定因素确定化，例如，对各个参数针对其可能的变化范围取平均值或中值，然后建立相应的具有确定形式的模型，通过模型求解得出相应的解，对于决策者来说仅仅是一个主观意义上的决策点，这种模型的最优解仅对决策者预期的系统某种特殊的确定情况是有效的。在现实中，系统处于这种确定状态的概率是极其微小的，因此，用传统规划方法和技术得到的水土资源利用规划结果就很难具有足够的科学合理性和可行性，在土地利用系统规划中往往很难得到理想的应用。为了克服这类困难，不确定规划模型就应运而生了 ①。

3. 随机性

所谓随机性，是指事件发生的条件不充分，使得条件与结果之间不能出现必然的因果关系，因而事件的出现与否表现出不确定性，这种不确定性称为随机性。在水土资源可持续利用系统中，影响水土资源可持续利用的因素错综复杂，随机因素普遍存在着。例如，规划中对水土资源未来的需求既有确定的成分，也有随机性成分，在水土资源利用方面，确定性成分是人口增长、工商业、农牧业等用户的发展及其布局趋势，但也受到多种随机因素的影响，因而不能完全准确地确定各功能结构对水土资源的需求数量。因此，在水土资源可持续利用规划过程中，应该客观对待水土资源供求关系方面的随机性，分析其内在规律，预测其未来趋势，将其作为水土资源调配、利用规划、决策和管理的依据。同时，还应该分析水土资源可持续利用系统的随机性的偏差程度及其对规划的影响，采取恰当的技术措施，使水土资源可持续利用系统向更经济、可靠和安全的方向发展。

4. 灰性

事物既有已知成分，又有未知的、非确知的信息，由此构成的系统称为灰色系统。由于社会经济系统处于一个非常复杂的动态变化环境中，其系统内各种不确定参数确定化通常采取种种权宜处理方式，如对各个参数针对其可能的变化范围（有时是实际数据，有时是定性估计的数据）取平均值或中值。还由于电子技术采集信息过程中信道上噪声干扰和接收系统的能力限制，只能获得其中部分信息或信息量的大致范围，即灰色信息，而无法获取全部信息或确切信息。包含灰色信息的预测和评价模型为灰箱模型，由此得出的预测或评价结

---

① 邹锐，郭怀成，刘磊.洱海流域环境经济相协调的农林土地利用不确定性系统规划[J].环境科学学报，1999，19（2）：186-193.

果可能只能代表系统某种概率下的状态，具有明显的偶然性。水土资源利用规划是一个信息不完全的灰色系统，其中充满着确定性和不确定性。规划从产生之日始，就与不确定性结了不解之缘，不确定性孕育着规划，规划是对未来不确定性的缓解和抵消。加强土地利用规划中的不确定性研究是当前我国土地利用规划理论研究的重要方向[①]。

（二）弹性理论

"弹性"一词来源于物理学，是指物体围绕自身固有的基准，在保持原有本质特征前提下的可变性，是对外界力量的反应力。在经济学中，弹性指当经济变量之间存在某种函数关系时，一变量对另一变量变化做出反应的灵敏度。弹性理论是西方经济学理论中一个重要的组成部分，它定量研究了相关经济变量之间的关系，为生产者、经营者甚至政府的决策提供了重要的理论依据。经济生活中相关的变量有许多，弹性也是多种多样的。经济学中研究的主要是需求弹性和供给弹性，其中需求弹性又分为需求价格弹性、需求收入弹性以及需求交叉弹性。需求价格弹性体现了需求量变动对价格变动的敏感度，即由于价格变动的比率导致的需求量变动的比率，一般简称为需求弹性。需求收入弹性体现了收入变动的比率导致的需求量变动的比率，需求交叉弹性则体现了相关商品之间价格变动的比率导致的需求量变动的比率。与需求弹性相对应的供给弹性是供给量相对价格变动的反应程度。

弹性理论建立在不确定性思想和非理性思想的基础上，具有一定的普遍性和现实意义。经济学的弹性主要是价格弹性，即由价格变化导致需求和供给在一定弹性空间的变化。弹性意味着变化、发展、运动，将弹性理论引入规划学中，意指规划思路及规划体系对随机性市场的兼容性和适应程度。弹性是指规划思路、指标体系和具体的指标值对不确定性的市场经济发展的适应程度。规划和市场之间存在一种互动的制约的关系，规划对市场起着诱导、调控、规范和拉动作用，市场对规划具有主导、决定和导向的作用。弹性理论的引入对市场经

---

① 王万茂，王群.土地利用规划中不确定性的识别和处理研究[J].中国人口·资源与环境，2011，21（10）：84-90.

济条件下区域经济的发展、资源的合理配置和利用有较强的指导性[①]。

五、水土资源可持续利用规划模型

（一）规划模型理论

不确定性通常可分为单因素不确定性和多因素不确定性。在干旱地区，水资源是制约土地利用规划的最主要影响因素，对广阔的干旱地区而言，水资源也是用地功能布局中最重要甚至唯一的要素，因此，本部分以单因素不确定性研究了水资源制约条件下的土地利用最优规划理论与方法。

1. 耦合方法

指把单因素不确定性处理方法关联起来使用，来解决多因素不确定性（社会、经济、生态等）同存一体的问题，它是不确定性研究方法发展的延伸。耦合方法主要有随机—模糊耦合、随机—灰色耦合、随机—灰色—模糊耦合等。尽管耦合方法起步很晚，但其为不确定性研究开辟了新的途径，有着很好的应用前景。

2. 盲数方法

指对多因素不确定性（社会、经济、生态等）一并处理的方法。基本方法是通过建立确定性模型，对包含灰区间数的计算参数盲数化，建立盲信息下相关的预测模型，再遵循盲数运算法则，求不同置信度下的盲数均值和各种可能取值区间。

3. 区间数方法

区间数方法能够在建模过程中将实际系统中的不确定因素直接反映在模型中，通过模型的求解可以得到一组行为区间，决策者在进行实际决策时，就可结合各种新的信息，根据个人或集体经验、偏好在这一行为区间中确定具体行动方案。显然，通过这种过程所得到的规划方案要比应用传统的规划模型所得

---

① 曾光明，焦胜，黄国和，等.城市生态规划中的不确定性分析[J].湖南大学学报（自然科学版），2006（1）：102-105.

到的结果更具科学性、实用性和可操作性[①]。

（二）规划模型建立

1. 规划模型的理论基础

对于具有不确定性的对象，其每一次取值，并不可能总落在某个点上，而是以一定的概率落在某个灰区间范围 a_i 上，针对对象的 i=1，2，…，n 个取值，可以得到 n 个灰区间构成的区间型灰数集 $g(1)$，并且每个灰区间对应各自的发生概率 a_i。于是，可以在区间型灰数集 $g(1)$ 上定义一个函数 $f(x)$，该函数实际上是一个区间分布的可信度函数。用数学语言表达为[②]：

设 $g(1)$ 为某一对象的一系列灰区间 a_i 构成的区间型灰数集，$a_i \in g(1)$；$a \in [0, 1]$；i=1，2，…，n；$f(x)$ 为定义在 $g(1)$ 上的函数，且 $f(x)$ 表示为：

$$f(x) = \begin{cases} a_i, & x=a_i \ (i=1, 2, \cdots, n) \\ 0, & \text{其他} \end{cases}$$

当 $i \neq j$ 时，$a_i \neq a_j$，且 $\sum_{i=1}^{n} a_i = a \leq 1$，则称函数 $f(x)$ 为一个盲数。a_i 为 $f(x)$ 取 a_i 值的可信度，a 为 $f(x)$ 的总可信度，n 为 $f(x)$ 的阶数。

（1）若 $a_1 \in R \in G(1, 2, \cdots, n)$，不妨设 $a_1 < a_2 < a_3 \cdots a_n$，则盲数 $f(x)$ 就是未确知有理数 $\{[a_1, a_n], \varphi(x)\}$，其中 $\varphi(x) = f(x)$，$x \in R$。所以，未确知有理数是盲数的特例。

（2）若 n=1，a_1=1，则盲数 $f(x)$ 为区间型灰数 a_1，所以，区间型灰数是盲数的特例。

（3）若 $f(x)$ 不是未确知有理数，也不是区间型灰数，称 $f(x)$ 为真盲数。

因为盲数包含区间型灰数和未确知有理数，而区间型灰数又包含区间灰数（即区间数），未确知有理数又包含离散型随机变量分布，所以盲数是区间数和随机变量分布的一种推广。真盲数所包含的信息至少含有两种不确定性，因此可以用盲数来研究盲信息的数学表达和数学处理。

---

① 邹锐，郭怀成，刘磊.洱海流域环境经济相协调的农林土地利用不确定性系统规划[J].环境科学学报，1999，19（2）：186-193.

② 李如忠，钱家忠，孙世群，等.不确定性信息下流域土壤侵蚀量计算[J].水利学报，2005，36（1）：89-94.

2．规划模型

区间数土地利用系统规划模型的抽象形式如下：

$$\max\ f^{\pm}=C^{\pm}X^{\pm}$$

$$\text{st}\ A^{\pm}X^{\pm} < B^{\pm}$$

$$X^{\pm} \geqslant 0$$

式中，$A^{\pm} \in \{R^{\pm}\}_{m \times n}$ 为技术系数矩阵；$B^{\pm} \in \{R^{\pm}\}_{m \times 1}$ 代表土地资源的承载能力；$C^{\pm} \in \{R^{\pm}\}_{1 \times n}$ 代表产出或费用系数；$X^{\pm} \in \{R^{\pm}\}_{n \times 1}$ 为决策变量；$f^{\pm}$ 为目标函数；$C^{\pm}$、$X^{\pm}$、$A^{\pm}$、$B^{\pm}$ 等均为区间数。

模型的求解过程分为两步，首先，构建并求解区间数优化模型，在原始模型的基础上，构造求解目标函数最优值区间上限的子模型，对之求解，得到一组最优解，然后结合原始模型和上一步所得的最优解构造求解目标函数区间下限的子模型，从而解出目标函数最优值的下限，由此得到相应的决策变量解区间[①]。

（三）适水发展的土地可持续利用规划模型

在干旱地区，水资源短缺是造成大面积水土流失、土地荒漠化等的直接原因，正是由于干旱缺水，长期以来，这些地区生态环境极其脆弱，经济受水资源条件的制约，无法得到较大的发展。因此，干旱地区土地可持续利用规划的目标是：在有限的水资源承载力条件下，对土地资源的使用功能进行合理安排、布局，充分发挥水土资源的潜力，以构建一个生态合理、经济可行、社会可接受的和谐体系。

1.经济效益最大目标函数

对干旱地区而言，水资源短缺严重制约着当地经济的发展，应发挥水资源最大效益。经济效益的提高是该地区社会可持续发展的前提，也是实现区域公平的前提。因此，要以水资源的高效利用为目标，建构经济效益目标模型：

$$\max Z_1 = \sum_{i=1}^{n} c_i X_i$$

---

① 邹锐，郭怀成，刘磊.洱海流域环境经济相协调的农林土地利用不确定性系统规划[J].环境科学学报，1999，19（2）：186-193.

式中：$Z1$——水资源在土地上产生的直接经济效益目标函数；X_i——决策变量（土地需求数量）；c_i——水资源在单位面积土地上产生的经济效益系数。

2. 生态效益最大目标函数

在广大干旱与半干旱地区，水资源匮乏不仅造成经济落后，而且直接影响该地区的生态环境，致使该地区生态十分脆弱，水土流失严重。因此，要以水资源的高效利用为目标，建构生态效益目标模型：

$$\max Z_2 = \sum_{i=1}^{n} s_i X_i$$

式中：Z_2——生态效益目标函数；X_i——决策变量；s_i——单位变量的最佳生态效益系数。

3. 社会效益最大目标函数

社会效益最大则是尽可能满足各部门需求，使各项用地预测值与规划值的偏差（d^+ 或 d^-）最小。干旱地区土地可持续利用规划的前提是保障农用地利用规划值与农用地预测值的偏差最小。

第四节　小结

本章从土地利用规划的角度阐述了干旱地区基于水资源承载力的土地可持续利用规划，即适水发展的土地可持续利用规划，并从干旱地区土地资源的属性，分析了制约干旱地区生态、社会、经济发展的主要因素，建构了将干旱地区水土资源纳入同一系统研究的理论体系，就水土资源利用本身的诸多不确定性因素展开研究，剖析了水土资源可持续利用系统的动态性特征。通过研究，揭示了干旱地区水土资源利用矛盾的本质，只有在土地利用规划中充分考虑当地水资源承载力，结合地区生态、社会、经济发展的目标，编制适水发展的土地利用规划，才是符合可持续发展思想的。

实现可持续发展是地区生态、社会、经济和谐发展的前提，本章从多角度诠释了干旱地区水土资源可持续利用的必要性，并提出了水土资源可持续利用的评判标准。水资源和土地资源在利用过程中，由于自身系统内部在不同时空阶段存在诸多变化，如数量、功能及目标效益都可能随着市场机制的变化而发生改变，因此，水土资源利用就处于这样一个不确定性的动态系统中。本章引入了弹性规划的方法，根据干旱地区实际，将实现经济效益的可行性、生态效益的合理性、社会效益的可接受性作为目标，通过建构动态弹性规划模型，解决了干旱地区水资源承载力下的土地可持续利用问题。

第八章 干旱地区适水发展的土地可持续利用规划决策

对水资源和土地资源利用规划而言，由于它们在一定时期（规划期）内具有相对稳定的特性，常规的评价通常都是静态的。本研究的水土资源可持续利用规划是一个弹性的动态过程，水资源和土地资源均处于水土资源可持续利用规划目标系统中。水土资源可持续利用规划评价是对水土资源利用的现状、过程和方案进行评价，以反映整个规划方案的可持续性。结果可能出现水土资源可持续利用规划方案、水土资源不可持续利用规划方案、水土资源前期可持续而后期不可持续利用规划方案、水土资源前期不可持续而后期可持续利用规划方案等若干种情况。水土资源可持续利用规划方案是我们追求的目标，假如目前水土资源利用是不可持续的，那么调控目标就是水土资源前期不可持续而后期可持续利用规划方案，而实施水土资源可持续利用规划方案时，应防止滑向水土资源前期可持续而后期不可持续规划。

第一节 我国水土资源利用规划决策中存在的问题

规划编制的目的是对某一具体事务进行比较全面的长远的计划，是对未来整体性、长期性、基本性问题的思考和设计未来整套行动方案，是保证社会和谐、人类活动各要素可持续发展的前提和基础。水土资源可持续利用规划是针对全世界面临的水资源和土地资源危机，编制适合水资源条件的土地利用规划（即本书提及的"适水发展的土地可持续利用规划"），尤其是干旱与半干旱地区，土地利用规划能否适应当地水资源条件，是决定该地区社会、经济可持续发展的重要保障。

一、决策主体的错位

目前，我国规划领域各成员参与决策权力的大小依次为政府、开发机构、规划管理者、规划设计者、公众。水土资源利用规划的最终目标是让全社会整体利益和共同利益最优化，水土资源利用规划的每一次决策，均应以此为原则进行。公众作为社会共同利益的绝对多数，理应在规划决策过程中占主导地位，而目前我国公众参与决策的机会相对较少，导致公众的利益得不到反映。除少数专家的建议被采纳之外，规划设计者和管理者作为规划决策主体的另一重要成员，在水土资源利用的决策尤其是立项层次的决策，未得到充分重视，导致规划设计者缺乏为政府出谋划策的积极主动精神。决策主体的错位使得规划领域的决策呈现出封闭型、领导型的特点，并容易滋生腐败等现象，从而使规划决策背离规划目标，公共利益的最优化被某些群体、个体利益所替代，最终使水土资源的利用偏离良性发展的轨道。

二、决策中责、权、利不明确

目前，作为水土资源利用行政决策主体的个别领导，出于对近期经济发展的考虑，常常直接插足具体的规划事务管理，影响甚至改变规划价值的中立。一旦产生问题，却由相关规划管理部门和人员承担责任。而在规划管理和规划设计部门，有部分规划工作人员摇摆于"为政府服务"和"为开发商服务"之间，扮演着"复合角色"，当公众利益与开发部门利益发生冲突时，甚至为了个体利益不惜牺牲公众利益，使规划的决策偏离公共利益最优化的目标。水土资源开发、利用决策领域存在的责、权、利不明确现象，是长期以来计划经济体制下政府包办一切以及社会主义市场经济发展初期约束机制不完善所带来的必然结果。它直接影响规划决策的公平性、开放性和科学性。

三、水土资源利用规划决策的内容和指标体系不全面

水土资源利用规划是涉及社会、经济、环境的一项综合性系统工作，对水土资源利用规划实施优化决策，其内容理应涵盖社会、经济、环境的各个方面。因而，水土资源利用规划决策在根本上应以追求水资源和土地资源利用公平与效益最大化为准则。水土资源利用不仅是一个相对稳定的静态存在，也是一个持续发展的动态过程。水土资源利用规划优化决策，应在充分把握其静态的相对合理性的基础上，预测其动态的可持续性问题，协调静态与动态的衔接关系。目前的水资源和土地资源利用规划优化决策的研究表明，优化决策在内容的全面性方面表现出明显的不足，难以真正涵盖水资源和土地资源利用规划的多层次、多方面、多关系的内涵结构。因而，基于欠全面性的优化调控与决策内容所做出的"优化决策"，也就从根本上缺乏真正实现水土资源可持续利用的前提。

四、缺乏科学的决策程序和必要的决策支持辅助系统

目前，水资源和土地资源利用规划的决策都缺乏对规划决策对象系统、周密的调查，存在仅凭某些人的主观意志，想当然地拍板定案的现象。水资源和土地资源利用规划领域的某些决策，往往不遵守发现问题—制定目标—调查研究—分析存在的问题—方案选优—贯彻执行的科学决策方法，而是由个别人先得出结论，再让规划部门去论证。同时反馈机制的缺乏也是目前规划决策的一大缺点。规划决策的对象由于利益主体的多元化而呈现复杂的社会属性，这些属性既不能量化，又具有不确定性、非技术性、模糊性等特点，因此在决策初期评价其得失就显得较为困难。而进入规划实施阶段，规划决策由一系列行动和一系列更具体、更有针对性的决策加以表述和说明，并逐步落实到物质环境的建设上，最终反映出规划决策对土地利用的影响效果。如果将这些实施效果加以分析，就可及时对最初的决策进行调整或反馈至下一次的决策行为，从而

借鉴上一次决策的经验教训，做出更科学、更合理的决策。然而令人遗憾的是，从政府到规划设计者都在不断地编制各种各样的规划，但真正严谨、可靠的实效评价极少去做。不管旧的规划实施效果如何，新的规划源源不断地推出来，缺乏反馈使规划决策失去及时调控、总结及不断充实完善的机会。随着信息时代的到来，传统的规划决策手段与信息反馈的效能已不能适应市场经济体制下水资源和土地资源利用更加复杂、多变的趋势。目前，在水资源和土地资源利用规划领域虽然已经引入管理信息系统、系统分析方法、遥感技术、GIS 技术等用于辅助规划设计和规划管理，但规划辅助决策系统尚未建立。规划辅助决策系统的落后在一定程度上削弱了决策的科学性[1]。

第二节　水土资源可持续利用规划决策方法

一、水土资源可持续利用规划评价的思路

众所周知，在对一个规划方案进行评估时，都要涉及由谁进行评估、评估者与规划编制者之间的关系、在何时进行评估（即在规划编制或实施的哪个阶段进行评估）、评估哪些内容四个方面的问题。

Baer[2] 根据以上四个方面问题之间的差别，将规划方案的评估分为五种类型，即规划方案综合评价、规划方案分析与评估、规划方案比较与评估、规划影响后期评估和规划过程动态评估。

二、水土资源可持续利用规划评价的方法

根据上述思路，对水土资源可持续利用规划方案进行评估有以下五种方法。

---

① 柳权.论城市规划决策[J].规划师，2000（4）：59-61.

② W C Baer. General plan evaluation criteria: an approach to making better plans[J]. Journal of the American Planning Association，1997，63（3）：329-344.

（一）水土资源可持续利用规划方案综合评价

所谓综合评价，就是对水土资源可持续利用规划的最终方案进行可持续性评估，评价的基本思路是通过对水土资源可持续利用的现状评价（反映规划基准年水土资源利用的可持续性）、水土资源可持续利用规划近期规划方案的评价（反映规划近期水土资源利用的可持续性）、水土资源可持续利用规划远期规划方案的评价（反映规划远期水土资源利用的可持续性），来反映水土资源利用规划方案的可持续性程度。如依据可持续性评价结果对规划期内特定年份水土资源利用现状和方案进行评价，反映整个规划方案的可持续性。

水土资源利用规划方案综合评价方法与前述土地可持续利用评价方法基本相同，关键在于建立评价指标体系和确定指标的权重。为比较规划方案与水土资源利用现状在可持续性方面的差别，二者采用相同的评价指标体系和评价方法是科学合理的。规划编制者不应该参与评估，但评估者也应是受过专业训练的规划人员，评估在规划公布之后、实施之前进行。

（二）水土资源可持续利用规划方案分析与评估

在规划方案编制过程中，为保证规划方案的科学性和合理性、规划方法的先进性，对规划过程也要进行评估和分析。根据水土资源利用规划编制的过程，分析与评估的内容主要有：对选择的规划方案进行分析；对规划方案分析的结果进行评估；选择最优方案；实施方案；将规划实施过程中产生的后果与预期后果相比较；对所有未能预料到的实际后果的影响进行评价等。

这种评估方式被用于对方案选择的评估中，评估者就是规划方案的编制者，采用成本—效益分析法、目标分析法等成熟的分析方法，而非评估者自己制定的分析方法。规划方案编制者本人在方案形成过程中进行的这种评估，可使他们进一步了解规划方案选择可能产生的影响，以便对规划方案进行适时、合理的调整。

（三）水土资源可持续利用规划方案比较与评估

比较与评估是在规划方案通过之后进行的评估，虽然评估目的与规划方案的综合评价类似，但方法完全不同。参与评估的人员，可以是规划编制者，也可以是其他专业领域的专家、学者。在进行评估时，通常是将同一单位编制的几个规划方案或几个编制单位编制的多个规划方案放在一起做系统比较。

（四）水土资源可持续利用规划影响后期评估

规划影响后期评估是在规划实施后对规划所产生的后果和影响进行的进一步评估。因规划观念和对结果关注的角度不同，通常有以下几种做法。（1）将规划实施后产生的社会、经济、生态等真实结果与没有任何规划措施的情况下可能出现的后果进行分析比较。（2）将规划预期后果与规划实施后产生的真实结果进行分析比较。这是以往通常采用的做法，它以"蓝图理论"为前提，假设规划方案是确定和准确的，经过比较所出现的任何差异都是有缺憾的。（3）将规划预期后果与规划实施后产生的真实后果进行分析比较，与（2）相比，它更关注规划实施后引发的人们不希望出现的后果，从这一角度出发，它认为评估是对任何未预见后果进行评价。（4）假设规划与实际之间是一种松散的关联，存在差异是意料之中的事。（5）后现代规划理论认为，制订规划方案已不再是规划师的唯一职能，规划过程比任何方案都更为重要。规划方案只是实现目标的一种手段，一种象征性的表述。因此，存在差异不是关键所在，因为规划方案的预期结果并不重要，最重要的是规划过程，或者说由于规划过程社会价值观发生变化才是规划的核心，因而评估的内容也应针对此。①

（五）水土资源可持续利用规划过程动态评估

这种评估从规划方案开始准备编制的那一刻就同步进行，并贯穿于方案形成的整个过程。它对规划编制过程中运用的专业知识和技能进行考察检测，包括方法论、论证和规划内容等。

第三节　规划方案的决策过程

一、适水发展的土地可持续利用规划决策的特点

从决策的角度来看，水土资源可持续利用规划决策指的是为实现水资源和

---

① 美国规划方案评估及其标准[J].国外城市规划，2000（4）：25-28.

土地资源可持续利用目标的一系列规划行为和规划活动的决策行为与过程。其与目前的水土资源利用决策相比较，具有以下三个方面的特点。

（一）非结构化

结构化决策又称程序化决策。结构化决策针对的是从信息加工、确定决策影响因素和条件、形成决策等方面看可以准确识别且处理方式相对单一的一类管理规划的决策问题。结构化决策的基本表现形式是：决策问题结构良好，可以运用数学模型较准确地刻画描述；决策具有明确定义的目标，而且存在明确评价目标的准则，同时存在一个公认的最佳方案；决策具有一定的决策规则，可按照某种通用的、固定的程序与方法进行；能够广泛地借助数学方法和计算机、自动化方式进行。

非结构化决策也称非程序化决策。非结构化决策所涉及的问题具有很大程度的模糊性和不确定性；问题的性质无法以准确的逻辑判断予以描述；缺乏例行的决策规则。这种非结构化决策，决策问题复杂，决策者的行为对决策活动的效果具有相当大的影响，很难用数学方法和自动化方式进行。

介于结构化决策和非结构化决策之间的决策，称为半结构化决策。就水资源和土地资源利用系统中的各类决策问题而言，既有结构化决策问题，也有非结构化决策问题。但就水土资源可持续利用规划系统而言，往往更多地具有半结构化和非结构化的特点。

（二）综合性

水土资源可持续利用规划既要求对区域内的水资源和土地资源进行合理开发利用，注重充分发挥水资源和土地资源的经济效益，又要求在实施上述经济行为的同时对区域生态环境进行有效保护，力求实现经济发展与环境保护同步进行、经济效益与生态环境效益共同提高、经济质量与环境质量同时改善的双重目标。因此，实施与特定区域资源承载能力及其结构特点相协调的水土资源可持续利用规划，既是提高区域水土资源配置效率的基本条件，也是防止资源衰竭和生态破坏，进而实现区域内水土资源可持续利用的重要保证。但是，现实中，经济目标与环境目标之间往往存在着各种冲突，为使这种冲突最小化，就必须实施水土资源可持续利用规划的综合决策，尤其是水资源严重匮乏的广大干旱与半干旱地区，就要在决策过程中对经济、社会、环境等因素全面考虑，根据周密的科学原则、全面的信息和综合的要求制定切实可行的政策并予以实施。这是一项涉及面广、多变量、多层次、多目标的复杂大系统问题和多目标决策问题，是协调我国资源、环境同经济社会发展之间矛盾、提高经济运行质量和环境质量的关键[①]。

（三）多目标

水土资源可持续利用规划方案的选择，往往涉及环境、经济、社会甚至政治等多种因素，其决策追求的是公平与效益方面的均衡，决策目标具有多元性。同时，水土资源可持续利用规划的多个目标之间具有紧密的内在关联性，必须遵循多目标决策的原理和方法进行决策。比如目前仍旧占主导地位的对资源与环境造成极大浪费和破坏的粗放型、低集约度的土地利用方式，正是过度追求经济效益单目标决策的结果[②]。而水土资源可持续利用规划决策从效益方面看至少应包括经济效益、社会效益和生态效益三个目标，从公平方面看至少应包括代内公平、代际公平和区际公平等目标。

二、水土资源可持续利用规划综合决策

（一）水土资源可持续利用规划综合决策的运行机制

水土资源可持续利用规划的综合决策是指在战略决策过程中通盘考虑经济发展因素与可持续发展的生态环境保护因素，把经济与生态环境、资源的承载能力纳入统一的决策体系，由权威性的决策机构采取科学有效的决策方法，制订出切实可行的决策方案加以实施。通过综合决策，实现经济决策效益与环境决策效益的高效统一，确保区域土地可持续利用。从决策学角度分析，经济与环境协调发展综合决策的运行模式由低级到高级、由简单到复杂包括单一的经

---

① 方创琳.区域经济与环境协调发展的综合决策研究[J].地球科学进展，2000，15（6）：699-704.

② 曲福田，谭仲春.土地可持续利用决策模式及基本原则初探[J].经济地理，2002，22（2）：208-212.

验型决策模式、综合的知识型决策模式和系统的智能型决策模式，其中系统的智能型决策模式为决策的主体模式。无论是何种决策模式，综合决策过程都必须坚持协同与重点相结合、科学与可行相结合、效率与效益相结合的基本原则，把以往单一的分离式经济决策与单一的分离式环境决策，通过协调控制与综合约束行为，借助决策支持系统和公众参与系统，纳入综合决策系统中去，进而由最高决策者不断生成综合决策方案。

在经济与环境协调发展综合决策过程中，首先必须建立一个权威性的综合决策机构，由其根据决策需要，选用恰当的决策手段、方法、模型和具备良好决策素质的人员参与决策。这里，最高决策者在综合决策过程中起着决定性作用，最高决策者的决策倾向、对决策成本的核算、对决策风险的估计、对决策机会的把握、对决策方法的选择、对决策方案的确定等都直接关系到区域经济与环境协调发展综合决策质量的高低乃至综合决策的成败，一旦决策失误，就会导致全局性的灾难[①]。

（二）适水发展的土地可持续利用规划的多目标决策方法

在干旱与半干旱地区，水资源和土地资源利用的冲突由来已久，而且在开发利用过程中，由于每次所追求的目标不同，最终也出现了不同的影响结果。但对水土资源的可持续利用而言，必须打破这种狭隘的观念，对水资源和土地资源的开发利用，从传统的单一决策体系发展为多角度、多目标的决策体系，即大系统多目标决策。从单目标决策向多目标决策发展，是水土资源可持续利用规划决策的趋势，也是可持续发展的基本要求。多目标决策有各种各样的形式，但它有两个基本特点，即目标间的不可公度性和目标间的矛盾性。目标间的不可公度性是指各目标间通常没有统一的度量标准，因而难以进行比较。目标间的矛盾性是指增加某一目标的利益，常常使另外的某一或某些目标变坏，因而不存在一般意义下的最优解。显然，多目标决策与单目标决策有着本质的区别。

---

① 方创琳.区域经济与环境协调发展的综合决策研究[J].地球科学进展，2000，15（6）：699-704.

1. 多目标决策方法 [①]

多目标决策问题的一般形式可表示为：

$$\mathrm{DR}\left[f(x)\right]$$

$$\text{s.t. } x \in X$$

该公式可理解为"运用适当的决策准则 DR，按照属性 f 的值，在可行域 X 中选择最佳协调解"。具体来说，求解多目标决策问题，最终就是求解数学规划式：

$$\max U(x)$$

$$\text{s.t. } x \in X$$

即通过求解向量最优化问题，生成非劣解集 x'，再对 x' 进行效用分析，求出使效用函数达到最大的最佳协调解。但是，在实际应用中，大多数情况下，人们很难设定效用函数 $U\left[f(x)\right]$ 的具体形式，为此必须寻找其他获取决策人偏好信息的方式。另外，通常也不必生成整个非劣解集，而仅对所感兴趣的部分进行生成或估计。

根据效用函数在决策分析中的作用，可以将多目标决策问题的各种求解原理和方法分为三类。

（1）决策者偏好的事先估计。

该种原理和方法是多重效用分析中的一种经典方法，是假设存在决策者的效用函数，并且可以用数学公式表达。其方法是先确定决策者偏好的效用函数，然后利用这一效用函数对有限的方案进行排序，或者在无限个方案中寻优。这种方法的缺点有：将实际问题的决策准则转换成一个明显的实值函数极其困难，事先给出决策者偏好会局限"最优"方案的挑选范围，决策过程类似某种"定向化" [②]；只有当决策准则能用一个对各目标函数均严格单调增加的准则函数来真实代表时，所求得的优化问题的最优解才是最佳协调解，即该解既是非劣的，又是使效用值达到最大的。

① 董增川.多目标决策方法及其应用[J].河海科技进展，1993，13（1）：38-45.

② 许新宜，王浩，甘泓，等.华北地区宏观经济水资源规划理论与方法[M].郑州：黄河水利出版社，1997.

（2）决策者偏好的事后估计。

该种原理和方法是假设存在一个稳定的效用函数，但并不试图将它明确地表达出来，只假设该函数的一般形式。其思路是尽可能将非劣解空间内的所有信息提供给决策者，决策者通过对比、评估，挑选出其中最满意的解，其并不要求假设决策者偏好的效用函数，但在挑选过程中决策者显然用了符合自己偏好的某些标准。这类方法在理论上最为完备，但由于计算工作量往往太大以及产生的非劣解太多，决策者会丧失其理性决策能力，感到漫无头绪，不易从中做出正确的选择，导致该方法实践上缺乏可行性。这类方法还有一些缺点，如分析人员必须与决策者经常接触，决策者有可能仅在部分非劣解，甚至不在非劣解中进行效用判断[①]。

（3）决策者的偏好在求解过程中通过交互初步明确。

该种原理和方法不假设存在一个稳定的效用函数，无论是显式的还是隐式的。该种方法首先生成有限多个备选方案提供给决策者挑选，这些备选方案相互间差异较大，且在多目标意义下是非劣的。决策者利用自己的偏好对方案进行挑选，实质上是通过挑选给出自己的希望效用水平或范围，然后围绕这一"选中"方案再生成若干新的备选方案提供给决策者再挑选，逐步明确决策者的偏好。

2. 有限方案的多目标决策方法

目前，存在不少多目标决策方法供水土资源可持续利用规划决策选用。但在实践中，最可行的多目标决策方法仍是基于一组目标对若干待选方案进行评价。这不仅易于体现水土资源可持续利用规划多目标决策分析的逻辑过程，而且易于适应水土资源可持续利用规划决策问题的非结构化，其基本方法有矩阵法和层次分析法。

层次分析法能够把一个复杂的问题表示为有序递阶层次结构，通过人们的判断并利用数学方法对决策方案的优劣进行排序。这种方法能够统一处理决策中的定性与定量因素，而且具有实用性、系统性、灵活性和简洁性等优点。应用层次分析法对土地利用进行评价一般分为以下步骤：

---

① 董增川.多目标决策方法及其应用[J].河海科技进展，1993，13（1）：38-45.

（1）建立描述系统功能或特征的内部独立的递阶层次结构；

（2）两两比较结构要素，构造出所有的判断矩阵；

（3）解判断矩阵，得出特征根和特征向量，并检验每个矩阵的一致性，若不满足一致性条件，则要修改矩阵，并检验结构的一致性；

（4）计算各层元素的组合权重，并检验结构一致性；

（5）进行方案层次总排序。

（三）水土资源可持续利用规划决策支持系统

1. 水土资源可持续利用规划决策支持系统及其必要性

水土资源利用规划是一项非常重要的任务，很少由单一的机构和部门完成，这除了水土资源利用规划本身就需要多部门配合的原因外，还存在着其他一些原因。首先，由于水资源可持续利用规划和土地资源可持续利用规划工作本身是一项很困难的认识活动，既需要丰富的知识和一定的技能，又需要深入细致的工作。因此，人们往往回避进行适当的规划或者因日常的管理事务而不得不放弃进行规划。其次，规划中每项假设的变化都会影响规划中的其他数字。对历史数据和当前期望值的分析，需要进行大量的计算工作。因此，人们往往对计算工作，尤其是试算感到乏味，而不愿进行细致的规划。正是由于上述种种原因，水土资源利用规划决策支持系统显得尤为重要。目前，为水土资源利用规划服务的大量应用软件的出现，就反映了人们对水土资源利用规划研究中的计算机辅助功能的需求。

（1）建立决策支持系统是水土资源可持续利用规划科学性的要求。

水土资源可持续利用规划是人类为使土地资源、水资源、经济、社会与生态协调发展而对自身活动和环境状况所进行的时间和空间的合理安排。由于水土资源可持续利用规划中的决策问题多为半结构化和非结构化问题，仅仅依靠规划人员的主观判断很难保证规划的科学性。而决策支持系统正是以辅助半结构化或非结构化决策为特征，在规划中可以发挥重要作用。其可以扩大规划人员处理问题的范围，增强其处理问题的能力，决策过程中可以充分利用计算机和有价值的分析工具帮助规划人员做出科学、合理的决策。

（2）建立决策支持系统是水土资源可持续利用规划动态性的要求。

水土资源可持续利用系统是一个极其复杂的动态变化系统，其中存在着许多不确定因素。因此，人们对未来社会发展做出的预测总是存在着或大或小的偏差。在规划的实施过程中，需要不断地将规划状况与实际环境状况进行比较，然后提出相应的对策。当偏差较大时，必须及时根据实际情况对规划进行修订，保证环境规划的科学性。因此，水土资源可持续利用规划的制定、实施是一个动态的过程。

土地可持续利用规划的动态性向规划的实施者及管理人员提出了较高的要求。考虑到我国规划管理人员队伍的现状，提高规划可操作性，使之易于实施、便于修订，就成为一个亟待解决的问题。决策支持系统可以辅助规划人员制定科学的规划，使环境规划便于实施和控制。管理人员通过人机交互，将实际状况和扰动随时输入计算机中，在决策支持系统的辅助下将实际状况与规划状况进行比较，并利用模型对扰动造成的影响进行预测、评估，提出有效的对策。而且，管理人员还可依靠决策支持系统在必要时对环境规划进行修订。

（3）建立完备的决策支持系统是水土资源可持续利用规划手段现代化的要求。

规划手段现代化是规划发展的趋势之一，而计算机技术应用是规划手段现代化最主要的表现。我国环境规划工作起步较晚，规划手段较为落后，今后需加强这方面的研究工作。

2. 水土资源可持续利用规划决策支持系统的功能及结构设计

水土资源可持续利用规划决策支持系统的功能主要表现为：一是对基础资料具有存贮、搜索、直观显示的功能，包括基础数据的查询、规划参数的查询、决策结构的查询；二是对规划的计算辅助功能；三是方案评价、比较及优化功能；四是预测及模拟功能等。

水土资源利用规划决策支持系统的研究对象是区域内的水资源和土地资源，水资源和土地资源都包含多种自然要素，如土壤、地貌、气候、植被、水文地质等，以及多种社会经济要素，如交通、人口、经济发展水平等。水资源和土地资源的这种特点决定了水土资源利用规划决策支持系统需要具备强大和完善的管理图形数据库和属性数据库的功能，特别是空间数据库的输入和编辑需要较复杂的用户界面。模型库中不仅有用于土地利用规划的模型，还应有图形分析模型。

按数据流程的要求，确定系统的基本框架结构，进行水土资源可持续利用规划决策支持系统的结构设计。水土资源可持续利用规划决策支持系统的基本结构见图8-1。

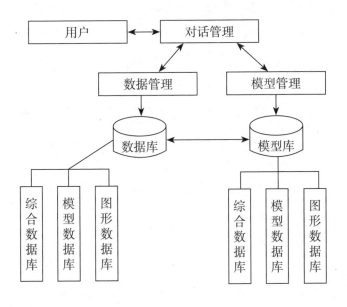

图8-1 水土资源可持续利用规划决策支持系统结构设计

图中双向箭头表示相互传递数据，如模型管理要从数据库调用数据，但模型运算的结果也会写入数据库。

第四节 小结

水土资源利用规划在实施过程中对区域生态、社会经济的发展究竟能起什么作用，这种作用的效果如何，直接影响并决定了水土资源利用规划在社会发展中的作用与地位，也决定了社会对水土资源利用规划的认识。决策评价可以对水土资源利用规划的实施过程和实施效果进行综合评价，使水土资源利用规划的运作过程进入良性循环。因此，在水土资源利用规划运作体系中，决策评价应作为一个重要的、不可或缺的组成部分存在于水土资源利用规划的全过程。本章就传统水土资源利用的决策过程进行了分析，结果显示，决策系统的主观性、缺乏科学性是导致水土资源开发利用不合理的主要原因。同时，针对干旱地区水土资源利用的可持续性问题，分析了当前我国水土资源利用决策系统中存在的问题，提出了未来水土资源可持续利用决策体系评价的内容、方法。

水土资源可持续利用规划决策具有非结构化、综合性和多目标的特点，其依据水资源和土地资源可持续利用规划及决策的基本原理，构建水土资源可持续利用规划的综合决策体系，通过层次分析法等方法，运用多目标决策理论，进行多方案比较，从而科学、合理、客观地对各方案做出定量化综合评价，为水土资源可持续利用的决策提供科学依据。

第九章　干旱地区适水发展的土地可持续利用规划布局

对广大干旱与半干旱地区而言，仅确定各类土地的用地规模尚不能达到水资源最佳利用的目的，各类用地自身的布局结构也将对水资源的可持续利用产生直接影响。水土资源可持续利用规划的弹性应贯穿于整个土地利用规划过程中，集中体现在土地利用目标的预测、土地利用结构的调整和用地布局三个方面。

土地利用规划是对一定时期内的土地利用所做的具体部署，进行土地利用规划首先必须对土地利用目标进行研究。由于土地利用是一个动态的复杂的大系统，土地利用系统内部各物质要素时刻都在运动、变化，这些运动和变化有的是可见的，有的是不可见的，有的是可以比较准确地预测的，有的则是难以预测的。因此，对土地利用目标的预测是比较困难的，预测结果的精度也是难以保证的。在这种状况下，预测结果不应该是"一个静态的、确定的值"，而应是具有"一定幅度、一定弹性"的可调的值域区间。否则，当土地利用系统中某些要素发生突变时，土地利用目标不能得到及时调整，实际值与预测值将发生偏差。这种偏差，不仅影响到土地利用目标本身的准确性，而且将直接影响到其后的一系列规划内容和规划环节，最终将导致土地利用规划脱离实际情况。

用地布局是土地利用规划的核心部分，是一系列土地利用目标在地域空间上的体现。弹性理论在用地布局中也有所体现，主要表现为用地功能组织的不完全确定性和地块划分的灵活性。用地功能组织的不完全确定性反映在两个方面，即确定性的一面和不确定性的一面。一方面，要把土地利用的基本功能分区、总体轮廓线确定下来，这是前提，是不可以模糊的；另一方面，又不要把具体地块的功能定得太死，地块内可以灵活一些。此外，可以在适当地段（不影响土地利用总体布局的前提下）设一些不确定的功能区，即共用功能区，作为土地利用中一些突发性因素或不可预见因素的预留区，以增加土地利用规划的机动性和灵活性。

第一节　农村居民点用地规划

农村居民点是农村人口聚居的场所，是农业人口在农村以集群聚居形成的规模不等的居住地段，除满足农村居民的居住、休憩、教育教养、交往、文化娱乐等基本功能外，也需要有相应生活服务等配套设施的支持。这些都需要在居民点用地上做出恰当的安排，农村居民点用地规划是满足这些方面要求的综合性建设规划，影响着农村居民的生活质量、农村的环境质量，还在很大程度上反映该地区乃至国家不同时期社会政治、经济、文化和科学技术发展的水平。因此，本节结合我国正在开展的社会主义新农村建设深入研究干旱地区农村居民点的用地规划。

农村居民点一般可分为农村集镇（乡所在地，又称为乡镇）、中心村（过去生产大队所在地）和基层村（过去生产队所在地）。乡镇是乡政府所在地，一般为乡域的政治、经济和文化中心，是县属镇的基础和农村剩余劳动力向非农产业转化的前沿阵地。农村居民主要集中居住在一个区域，如山区、平原或者水乡，一般称之为湾、寨、岗、庄，在这些区域之外可能还有一些居民，但是不多。村里有小型的商业和服务业，可以吸收一部分剩余劳动力，也有村办工业。农村居民点是农村剩余劳动力的"蓄水库"，对其合理规划有利于推动农业的"两个转化"，有利于促进城乡协调发展，有利于加快农村两个文明建设步伐，从而逐步缩小城乡差别。加强农村居民点建设是一项具有战略意义的工作。

一、干旱地区农村居民点土地可持续利用规划的内涵

土地可持续利用的实质是在代内和代际之间以及区域和部门之间合理配置土地资源，在土地资源与人口之间取得平衡，既不降低人们的生活质量，又要求高效率地利用每块土地，使其发挥最大效能。这就向干旱地区农村居民点提出了土地利用必须充分考虑用地、人口、水资源三者平衡的要求。

人口是社会经济因素中较重要的因素之一。农村人口总量、质量及家庭生命周期变化会影响对农村住房、基础设施、公共设施、环境等方面的需求，这些需求导致对农村居民点用地的需求，从而对农村居民点用地的规模、结构及利用模式产生影响。通常人口数量越大，对农村居民点用地的需求就越大。农村人口质量的提高以及城市化进程的推进，会提升农村人口对生活环境质量的要求，促使农村居民点用地集中连片布局，为农村居民点土地集约化利用创造了有利条件。然而农村居民点土地集约化利用与土地可持续利用是相辅相成的。土地可持续利用的概念包括土地集约化利用，土地可持续利用规划以统筹兼顾、地尽其力、永续利用和实现社会、经济、生态效益的统一为原则，是对土地现状功能的维持与提高；而土地集约化利用则侧重挖掘土地利用潜力，以节约用地和高效用地为原则，以土地利用综合效益最高为主要目标。土地可持续利用是土地集约化利用的指导思想和重要依据，土地集约化利用则是土地可持续利用的重要手段，但土地的可持续利用并不一定都要通过集约化利用实现。二者都是动态的概念，具有一定的时间尺度，二者的判断标准随着社会、经济、技术水平和人类认知水平的发展而变化。

二、农村居民点用地选择

狭义的农村居民点用地又可称为农村宅基地，是村民用于建造住房以及与居住生活有关的建筑物和设施的用地，包括农民居住区内的主房用地、附房用地以及晒场、庭院、宅旁绿地、围墙、道路等用地，是一个较城市居住区用地

复杂的土地利用综合体。本书所指农村居民点用地主要涵盖农民住宅用地及村内道路、基础设施、服务设施用地。农村居民点用地的选择关系到农村用地的功能布局、农村居民的生活质量与环境质量、建设经济性等多个方面。因此一般要考虑以下几个方面的要求：

（1）选择自然环境优良的地区，有着适于建设的地形与工程地质条件，避免山洪、地震易侵害的地区和风口等不利条件。在丘陵地区，应选择向阳、通风的坡面。在可能的情况下，尽量选择接近水面和风景较好的环境。

（2）居民点用地的选择应与乡镇土地利用总体规划相适宜，充分考虑工农业生产的需要，以减少耕作、工作的出行距离和时间。

（3）居民点用地要十分注重用地自身及周边的环境污染影响。农村往往有家禽、家畜集中养殖基地，会对周边居住环境造成影响，在接近这些区域时，要将居民点用地选在常年主导风向的上风向，并按环保法等法规规定设置必要的防护距离，为营造卫生、安宁的居住生活空间提供环境保证。

（4）居民点用地选择应有适宜的规模，村落规模过小，不适于有效地配置相应的公共服务设施和基础设施。考虑道路和交通条件的不断完善，依照我国社会主义新农村建设的需要，保障农村土地集约化利用，结合未来农村人口发展的规模，选取有一定规模、建设条件良好的非宜农地带作为居民点用地。

根据《镇规划标准》（GB 50188—2007），农民兴建、改建房屋宅基地（含附属设施），使用农用地的每户不得超过140 m^2，使用未利用土地（建设用地）的每户不得超过200 m^2。市、县人民政府可在上述限额内，根据本地人均耕地情况确定本行政区域内农民住宅占地标准。宁夏回族自治区在社会主义新农村建设过程中规定，村庄的建设用地规模为70～120 m^2/人。

（5）居民点用地选择要本着节约用地，不占耕地、不占良田的原则，对原有宜农耕地上的居民点，逐步以"迁村并点"方式，就近安置于重新选定的农村居民点。

（6）要充分考虑发展的需要，使居民点用地规划具有一定的弹性。在未来发展中，农村人口规模会扩大，居民点用地应有相应的空间准备，这就要求在农村居民点用地周边预留必要的建设发展用地。

三、干旱地区农村居民点用地布局

在干旱地区农村居民点用地布局上，要充分考虑饮用水源地、农业耕作半径等要素，合理地布置农村居民点，居民点的布局应遵从三个主要原则：经济服务半径合理、区域布局完整原则（所谓经济服务半径是指城镇在组织社会生产和居民生活方面所产生的经济服务影响的地区范围。不同层次的城镇的经济服务半径，因各地自然条件、人口密度和社会经济发展水平而有差异。在经济发达地区，人口密度大，城镇数目多，经济服务半径相对较小，反之则较大）；利于生产、方便生活原则（农村居民点布局既要考虑到村民便于到工厂等地方上班，又应考虑到村民便于去农田劳动）；合理利用土地、尽量少占耕地原则。

农村居民点用地主要分为两种模式，一种是分散模式，另一种是集中模式，前者多是由于地形的限制形成的用地模式，农村建筑呈分散组团型网络结构，有多个中心，每个组团的农村居民点用地规模较小。农村居民点适度分散，既可以与资本、劳动力等生产要素实现最佳配比，达到经济学意义上的集约，又可以使农村居民点用地的社会效益、生态效益达到最佳，实现真正意义上的集约化利用。当然，农村居民点过于分散在一定程度上会增加农村上下水、电力、燃气、道路等基础设施的成本，导致基础设施配套困难、投入增加，造成土地资源浪费，降低农村居民点土地利用效益，导致农村居民点土地的粗放利用。农村居民点的适度集中布局可以改变农村居民点布局分散、道路混乱、环境脏差等现状，并有利于发挥聚集效益，降低村镇基础设施建设的配套成本，可利用政府有限的资金投入更有效地改善农民的生活和居住条件，提高其生活质量，增加农村居民点土地的利用效益。

随着生产力水平的不断提高和农用地经营规模化的趋势，耕作半径的重要性逐渐弱化，分散居住的效用不再突出。尤其是我国东部沿海发达地区，城市化水平和工业化程度较高，经济发展对农业的依赖性较低，农村居民点模式以点网集中模式较为典型。"点"是指农村居民点,"网"是指城乡各级道路网(以县乡道路为主),"集中"是指农村居民点向道路网节点地区集聚。实现农村居民点用地的可持续利用规划必须完成农民的集中居住。研究发现,紧凑度越高的农村居民点用地紧凑程度越好,越能有效地推动农村生态环境的改善,越有利于公共设施和基础设施的共建共享,土地利用效率越高。

第二节　农业生产用地规划

农业生产用地规划又称农业用地布局,是根据合理的农业生产用地结构,在一定地域范围内选择各种农用地的适宜地段进行土地利用的规划。农业生产用地规划时,一般应满足下列要求:(1)经济合理;(2)因地制宜;(3)处理好用地之间及其与居民点之间的关系;(4)为田间作业创造良好的土地利用条件。配置时产生的多种方案,应通过评价,选择其中最优方案实施。

在广大干旱与半干旱地区,由于水资源极度匮乏,很大面积的土地无法作为农业生产用地加以利用,针对这种现状,只有科学合理地适度开发利用好农业生产用地,节约水资源,提高水资源利用率,才能为这些地区社会经济的可持续发展奠定良好的基础。

目前,我国国土整治工作正在如火如荼地开展,有些地区借助国土整治的契机,尤其是干旱地区,并未过多地考虑当地水资源条件的限制,大面积平田造地,这样势必造成土地面积增加,然而土地质量并没有得到提升,甚至原本质量较好的"中高产田",由于土地面积的扩大,得不到充分灌溉,而降为"中低产田"。更有甚者,把当地有限的水资源(除居民生活用水外)全部规划为农业灌溉用水,使当地农村居民只能依靠农业生产,发展农业经济。更为不幸的是大面积土地开发,"有量无质",农业产量并未随之增加,或者增加很少。这样,当地农民经济收入并未增加,在水量较多的年份尚好,当遇旱灾等自然灾害时,农民收入更低。由此可见,在干旱与半干旱地区,要实现水土资源的可持续利用,就必须充分考虑有限水资源条件下人口增长、经济增长、生态环境保护等多方面因素的影响，科学合理地开发土地，协调好土地利用与水资源短缺的矛盾，提高水土资源的利用率，从而满足干旱地区社会经济持续稳定增长的需要。本节针对干旱地区有限水资源条件下农业土地的开发利用，提出了干旱地区农业"适水规划"的思想，可为干旱与半干旱地区水土资源的可持续利用规划提供理论保障。

在农业生产中，农业生产用地主要有耕地、园地、林地、牧草地和渔业用地。

一、干旱地区耕地规划

耕地规划是在既定耕地面积前提下对耕地合理利用的安排，是对耕作生产要素的系统配置和整体优化，包括耕作方式、地块、水系、田间道路和农田林网等的系统配置。

（一）我国干旱地区耕地利用存在的问题

（1）耕地利用结构不合理；

（2）耕地肥力下降；

（3）耕地面积逐年减少；

（4）水资源短缺，耕地利用率低，大面积土地得不到有效灌溉。

（二）耕地规划应遵循的原则

（1）保护和珍惜耕地；

（2）集约利用耕地，不断提高耕地生产力；

（3）建设结构合理、"三效益"统一的农田生态系统（包括农田、水域、人工林、家畜家禽等系统在内的复合农田生态系统），建成以农田为核心的生态系统，综合利用农业资源并发挥其应有的效益。

（三）耕作田块规划

耕作田块（见图9-1）是最基本的耕作和管理单位，对耕作的其他要素的配置及利用效率有直接影响。

图9-1 耕地田块示例图

1. 耕作田块的长度

适宜的田块长度，应有利于提高机械作业效率、合理组织田间生产过程、提高灌溉效率、平整土地。

田块长度的确定应考虑机械作业效率、灌溉要求，要根据末级固定渠道要求的适宜长度和控制面积来确定，还应充分考虑到地形条件。一般农渠长度400～600 m是适宜的。

田块单程（或称拖拉机开行长度）长，机组转变次数就减少，则机械作业效率就高。反之，机械作业效率就会降低。田块长，机械效率高，但对灌水和土地平整造成一定困难，主要表现在：田块过长，平整工程量增加；田块过长，沿长边配置渠道，流量流速增大，可能引起冲刷，增大输水距离和输水损失，易造成上段作物受浸，下段作物受旱；从排水来看，为控制地下水水位低于临界深度，使水尽快送到斗沟、支沟，农沟不宜过长。

所以，田块长度可在500～800 m，平原长些，丘陵地区短些，旱作地区长些，灌区短些。

2. 耕作田块的宽度

灌溉区田块的宽度：根据末级固定渠道的间距来确定，一般为200～300 m。

防护区田块的宽度：根据田间林带的间距来确定，一般为树高的25～30倍。

平原地区田块的宽度以便于机械作业为宜，一般在200～400 m。水稻种植地可窄些，旱地可宽些。

需要排水地区田块的宽度：根据排水沟的间距来确定，一般在200 m左右。

3. 耕作田块的规模

根据上述长宽，田块规模一般在150～200亩（10～13.33 hm²），不同地区有所区别。不同地区，经营方针不同，种植作物不同，地块规模差别大。一般在平原机械旱作地区，为发挥机械效率，地块规模较大，在丘陵水田地区，规模不能太大。

4. 耕作田块的外形

为给机械作业和田间管理创造良好条件，田块力求规整。田块最好是长方形、方形，其次是直角梯形、平行四边形；田块的两个长边要平行和呈直线；不能把梯形和平行四边形田块的短边设计得过斜；不能把田块设计成形状不规整的三角形和多边形（见图9-2、图9-3、图9-4）。

图9-2　耕作田块外形实例图

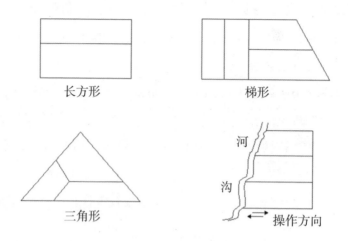

长方形 梯形

三角形 操作方向

河

沟

图9-3　各种形状的耕地外形设计示意图

图9-4　各种形状并存的耕地外形实例图

5. 耕作田块的方向

指田块的长边方向。主要考虑以下要求：第一，为作物生长发育创造良好的光照条件；第二，有利于机械作业和水土保持，为减少地表径流与土壤冲刷量、提高机具的使用效率，在坡地上田块应沿等高线方向配置，在土壤黏重和过湿情况下，地块长边沿等高线呈一定角度布置；第三，有利于降低地下水要求，田块长边垂直于地下水流向，以利于截排地下水；第四，有利于防风，为达到最好的防风效果，应使主林带与主害风方向垂直，耕作田块的长边应与主害风方向垂直或接近垂直。

（四）田间灌排渠系规划

田间灌排渠系是指末级固定渠道（农渠、农沟）以下及其所围成的耕作田块内的临时渠系（毛渠、毛沟、灌水沟、畦等），即田间调节网。

田间明渠的配置要与其他有关规划项目紧密配合，要结合田块、林带、道路的配置综合考虑，应将田间沟、渠沿田块界线配置，做到田块规整，便于耕作和灌溉；要考虑地形条件和机耕要求，因地制宜，因各地自然条件、各种作物的要求合理布置；尽量利用田间原有工程设施，以减少工程量和财力消耗；布置田间渠道时应注意与上一级渠道的水位衔接，以利于灌溉和排水。

1. 平原地区

田间灌排渠系的布置采用末级固定渠道的布置形式和田间临时渠系的布置形式。末级固定渠道（见图9-5）布置在单面坡地地形区，以灌排相邻（即灌水农渠与排水农沟相邻布置）方式布置；在小地形起伏地区以灌排相间（即农

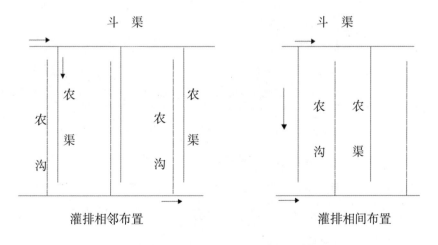

图9-5　末级固定渠道的布置形式示意图

渠向两侧灌水、农沟承接两侧排水）方式布置，有利于两面排水，减少渠道渗漏损失，但修渠工程量大，田面宽度减少，对机耕效率有影响；还有一些地形较复杂地区以上灌下排与灌排合一渠（上灌下排也叫竖向结合形式，即排水沟为暗沟，暗沟上面为灌水渠）方式布置，节约耕地，但投资大，不便于控制地下水水位，影响作物产量和增加灌溉用水量。

有些地方由于灌溉需要，需要布置田间临时渠系。可采用纵向或横向两种方式布置，纵向布置是毛渠布设方向与灌水沟、畦的方向一致，间距50~80m，双向控制，间距加倍；横向布置是毛渠布设方向与灌水沟、畦的方向垂直，间距50~100 m，双向控制（见图9-6）。

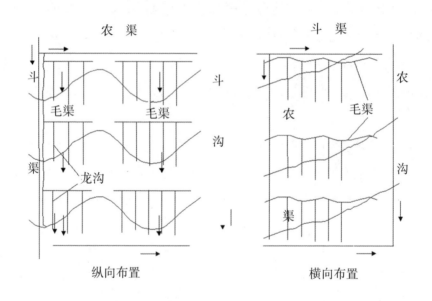

图 9-6　田间临时渠系的布置形式示意图

2. 丘陵地区

丘陵地区的耕地根据地形特点和所处部位，分为冲田、塝田、岗田三种类型（见图9-7）。岗田为位于岗顶上的耕地，地势高，主要怕旱；冲田是两个山岗之间的低平地，地势低洼，地下水水位高，易涝易渍；塝田是冲田、岗田之间坡地上的耕地，地面倾斜，坡度较大，多等高，修成梯田，怕旱。

图 9-7　丘陵地区耕地形态实例图

丘陵地区须沿田脊布置斗渠，在斗渠两侧开农渠，排灌结合。

3. 低洼排水地区

主要是确定排水沟的深度和间距，应考虑不同作物对地下水深度的要求和土壤质地。在干旱地区，这种情况较为少见，因此，本书不予研究。

4. 井灌区

在干旱与半干旱地区，由于无地表水或地表水资源极度匮乏，很多地区不得不打井取水，利用地下水满足农田灌溉的需求，这些地区统称为井灌区。井灌区农业用地须解决好井数、井距和井位等问题。

井数的确定：如果地下水丰富，单井出水量大，利用地下水可以浇完全部土地时，可以用单井灌溉面积去除井灌区总面积计算井数。

井数＝井灌区总面积/单井灌溉面积

井距的确定：一般按单井灌溉面积确定井距，也可以按单井影响半径（影响单井出水量的距离）确定井距。井距为单井影响半径的两倍，如表9-1、图9-8所示。

表 9-1　不同土质的最小井距

单位：m

土质	最小井距	土质	最小井距
细砂	100～200	粗砂	400～800
中砂	200～400	砂砾和乱石	800～1 200

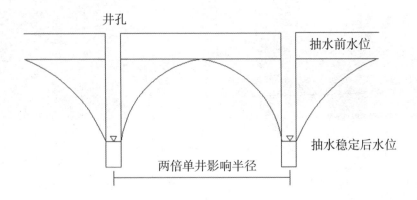

图 9-8　井距示意图

井位确定：其一是考虑地形因素，把井位确定在地形较高部位，以便控制较大的灌溉面积；其二是考虑地下水流向，在地形平坦地区，井网多按网络布置，在近河地区，可沿岸呈直线排列；其三是在地下水水力坡降较大的地区，井网应垂直于地下水方向排列。

5. 喷灌区

在干旱与半干旱地区，水资源缺乏，应大力发展喷灌。根据灌区自然条件、水源和现有水利工程状况、作物种植结构、经济条件、管理水平等，利用骨干渠道作为水源，通过渠道引水至沉沙池调蓄，同时使水在沉沙池沉淀；以蓄水池为水源工程，建设加压泵站，对灌溉水进行加压，通过管道输送至田间，由喷头喷射到空中，形成细小的水滴，近似天然降水洒落田间对作物进行灌溉。喷灌适用于各类地形区域，尤其是农田水利设施配套不完善、水资源相对贫乏的干旱与半干旱地区，可保证非灌溉季节有相对充足的水源。

（五）田间道路规划

田间道路是田间生产和运输的动脉，是联系县与乡、乡与村、村与田间的通道，其布置得合理与否，直接影响劳动生产率。

考虑农业生产中货运量大（农作物产量＋秸秆量＋施肥量）、运输距离短、运输工具落后、运输任务季节性强（作物收获时运输量大）、费工多（主要由人、畜力承担）的特点，结合我国正在大规模实施的社会主义新农村建设，必须解决当前农村道路网存在的分布密、占地多、路线弯曲、布局不合理等问题。

田间道路的种类主要有以下几种。

机耕道或拖拉机路：连接乡（镇）和村或主要居民点的道路，供拖拉机和车辆行驶，服务几个村，旱作区路宽6 m左右，水田区要窄些。

主要田间路：由居民点通往田间作业的主要道路，路面宽4~6 m，一般多设在耕作田块的短边，服务于一组田块。

田间小道：联系主要田块的道路，主要起田间运输的作用，服务于1~2个田块，路宽2 m左右，沿田块长边布置。

田间道路配置要保证居民点与田间有便利的交通，线路直，往返距离短，可以顺利到达每一个耕作田块；田间道路应沿田块边界布设，与渠道、护田林带协调，并与干路衔接，形成统一的农村道路网；要少占耕地面积，路、沟、渠、林结合布置；要注意田间道路的技术要求，避开低洼沼泽地段。

这是农业生产用地土地可持续利用规划的基础保障。

（六）农田防护林规划

农田防护林（见图9-9）能够降低风速，减少水分蒸发，改善农田气候，减轻风沙和干旱的危害，为农作物生长发育创造有利的条件，从而起到护田增产的作用。

图9-9　农田防护林实例图

农田防护林规划要合理地解决林带方向、间距、宽度、结构、树种的选择与搭配、交通口的设置等问题。

林带方向取决于主害风方向和地形条件，根据因害设防的原则，主林带垂直于主害风方向，防风效果最佳。若地形条件或地界变化，不能完全垂直，可允许30度左右偏角，但不宜超过45度。

林带间距取决于林带的有效防护距离，其与树高成正比，同时与林带的结构有关。我国有关观测资料表明，林带间距为树高的20～25倍，最多不超过30倍。

林带宽度根据节地和保持适当透风程度所需最小宽度或者树的行数确定。在干旱与半干旱地区营造4～5行树的林带比较有效而且经济。林带适宜宽度的确定，必须建立在防风效率与占地比率统一的基点上。据调查，一般林带占地比率为4%～5%，农田防护林采用5～9行树木组成的窄林带为宜。

林带结构是林型、宽度、密度、层次和断面形状的综合体，采用林带透风系数作为鉴别林带结构的指标。林带透风系数是指林带背风面林缘1 m处的带高范围内平均风速与旷野相应高度范围内平均风速之比。由乔木、亚乔木和灌木组成的紧密结构林带，三层树冠，树叶茂密，几乎不透风，防风距离较短，相对有效防风距离为110 m，而且风积物容易沉积于林前和林带内，因此，农田防护林不宜采用这种结构；由数行乔木配一行灌木组成的疏透结构林带，上下透风均匀，相对有效防风距离为221 m，不会在林带内和林缘造成积雪或淤沙，所以在风沙害严重的干旱地区多采用此种结构；只由乔木组成的透风结构林带，不搭配灌木，大量透风，防风距离最近，所以风害地区多采用这种结构，但林带内和林缘处风速大，易引起近林带处风蚀。

树种的选择影响树木正常生长发育，树种的搭配则影响林带的结构。树种选择遵循"适地适树"的原则，在树种搭配上一条林带只宜采用单一的乔木树种，不宜采用多种乔木树种进行行间、株间混交的搭配方式。

林带交通口是为便于拖拉机和各种农机具运行，在林带的长边和短边交接处设置的交通口。

（七）田间配套设施综合规划

根据我国社会主义新农村建设的要求，田、沟、渠、路、林等项目的配置必须综合考虑、有机结合。因此在田间设施规划中，必须遵从便于田间耕作，充分发挥渠、路、林的作用，减少田间交叉工程的设置，降低基本建设投资的基本原则。

二、干旱地区园地规划

在干旱与半干旱地区，受水资源条件的影响，土地利用的最大限制因素是水土流失。因此，干旱与半干旱地区园地利用要从根本上处理好"最大生产量"和"最大保护"二者之间的关系。园地一般可与防护林带、防护林网以及其他生物或工程措施相结合，形成新的人工生态系统。农、林、牧、渔是一个完整的农业生态系统，园地利用是其中的重要组成部分，即园地人工生态系统。园地是农业生产的重要组成部分，发展果园业，对增加收入、改善农业生产条件、美化生态环境和保障社会经济持续稳定增长具有重要的作用。

在水资源匮乏的干旱地区，发展经果林等园地，是增加农民收入、改善生态环境的有效手段，但由于水资源短缺，在树种与品种的选择上就需要因地制宜，选择耐旱、低水耗、经济效益好的作物。在用地上，本部分以土地集约化利用为根本，介绍"果园小区"的规划模式。

（一）果园小区规模

果园小区是指被道路、灌排渠、防护林等所分隔的地段，是园地集约化利用的体现，是便于园地经营管理（中耕、施肥、灌溉、防治病虫害等）的基本单位。

考虑果园小区在耕作、经营管理等方面的需要，应对其规模适当加以控制。根据笔者走访，结合有关学者长期研究的结果，平原、机械化程度高的地区果园小区面积为50～200亩，山地、丘陵地果园小区面积为30～50亩，切割程度较大的山地果园小区面积为10～30亩；机械化程度较高的地区，果园小区长度为400 m左右，以畜力耕作为主，机械化程度较差的地区，果园小区长度200 m左右，果园小区宽度为150～200 m。

（二）果园小区方向和形状

果园用地形态直接关系到果园小区的生产效益，形状规整、布局科学合理，将为果园的机械化作业创造良好的条件，大大节约生产成本，反之，生产成本增加。因此，果园小区应充分考虑规模化生产的需要，尽可能因地制宜，适应这种要求。平地果园小区土地条件好，将果园小区规划成形状整齐、长宽比为2：1~5：1的长方形；山地丘陵果园小区多以较大自然沟、分水岭为界，果园小区可规划成近似带状的长方形，其长边可因地形起伏而沿等高线方向随弯就弯；若是缓坡，可规划成平行四边形或梯形。

（三）果园小区防护林配置

防护林带沿果园小区边布置（见图9-10），主林带要与主风害方向垂直，主林带间距150~200 m，副林带间距200~400 m，与沟渠、道路规划相结合。选择当地乡土树种中易存活、生长快、寿命长、树冠密且有一定经济价值的树种。果园小区的方向要与果树栽植方向相同。平地果园，果树行以南北方向为好，以利于增加光照和提高温度；在有风害的地区，果园小区长边方向与风害方向垂直，以提高果园防护林的防护效果；在山地丘陵地区规划果园小区，应注意水土保持，小区长边应沿等高线配置。

图9-10　果园小区防护林配置示例图

（四）果园小区灌排渠系规划

在干旱与半干旱地区，平原地区的果园小区采取从地表渠系引水、打井等方式灌溉；山地、丘陵地的果园小区，采取从地表渠系引水或修建水库等方式灌溉。果园渠系规划中，干渠（水源→果园中心）比降为1/1 000，支渠（果园中心→各小区）比降为1/500，通过灌水沟引水至行间。

果园小区在地势低洼、易积水、土壤透水不良、地下水水位较高或雨季冲刷严重的山地或丘陵地带要设置相应的排水系统，排水干沟坡降1/3 000～1/10 000，支沟坡降1/1 000～1/5 000，山地或丘陵地果园小区应在坡地上部设0.6～1 m宽、1 m深的拦水沟（直通自然沟），拦排山上下泄的洪水。

（五）果园小区道路系统规划

一般中型和大型果园小区的道路网由干路、支路和作业小路三级组成。小型果园小区只设干路和支路，不设小路。干路设在果园中部，呈十字形或井字形布置，宽6～8 m，或8～10 m；支路垂直于主路，设在小区短边，宽4～5 m，或6 m；小路以人行为主，间距50～100 m，宽100～300 m，与支路垂直相交。

为尽量减少占地，果园小区道路网的占地面积不超过果园小区总面积的4%～5%。

三、干旱地区林地规划

林地是地球生物量最大的生态经济系统。世界林地年初级生产量为10.59×1 017 kJ，占整个地球年初级生产量的49.0%。林地具有群落整体性、结构层次性、更新长期性、效用外溢性、潜力巨大性特征，同时具有很强的经济功能、生态功能和社会功能。在日本，森林生态经济效益达12.8万亿日元，我国的长白山国家级自然保护区森林的生态经济效益为76亿元人民币。森林生态系统对气候、土壤、水文等环境因素均有着重大影响。由此可见，林地是非常珍贵的土地利用类型，规划好林业用地具有重要的国民经济意义，是社会经济可持续发展的重要内容，尤其对干旱与半干旱地区，能起到水土保持、改善恶劣生态环境的作用。

（一）林地的分类

林地按照功能不同，可分为防护林、用材林、经济林、薪炭林和特种用途林。防护林是利用森林达到调节气候、防风固沙、涵养水源等目的的林种，包括水源涵养林、水土保持林、防风固沙林、农田及牧场防护林、护岸林、护路林。防护林应选择生长迅速、抗风力强、窄树冠型树种，本身具有较好的经济价值。用材林是以生产木材为主要目的的林种，包括以生产竹材为主要目的的竹林。在树种选择时，应注意速生性、丰产性、优质性、稳定性和抗病性等。随着国家经济的快速发展和人民生产水平的提高，林材的需求量越来越大，资源不足，森林覆盖率低，生态条件恶化，都要求大面积营造用材林。用材林一般多选用速生、丰产、优质、稳定和抗病性树种。经济林是以生产果品、油料、工业原料和药材为主要目的的林种。随着市场经济的确立，从提高经济效益出发，广大地区已逐步将用材林、薪炭林乃至防护林都用一些经济价值高的林木代替。如河北迁西板栗、宣化葡萄、深州蜜桃、沧州金丝小枣、辛集鸭梨、阜平大枣等。薪炭林是以生产燃料为主要目的的林种。以木为柴是人类的传统习惯，为满足这种对燃料的需求，人类营造大片林木为薪炭林。有时，薪炭林仅仅作为用材林的一部分，因为所有的林木都可以将其部分不成材用作薪炭。在林地规划中配置以薪炭林为主的经济、用材混合林，将是有效利用土地的重要途径。特种用途林是以国防、环境保护、科学实验为主要目的的林种，包括国防林、实验林、母树林、环境保护林、风景林、名胜古迹和革命纪念地的林木以及自然保护区的森林。

（二）林地的规划布局

根据造林的目的和要求，按不同树种的生态习性，结合"适地适树"的原则来规划布局。林地要根据采伐、集材、营林、护林的要求布置道路网，并与林外道路衔接。

根据林地功能进行规划布局。防护林因防护的对象和作用不同而密度不同。农用防护林要求有一定的结构和透风系数，树种具有寿命长、生长快、树形高大、冠幅紧密、病虫害少而又与农作物没有相同的病虫害等特点。水土保持林、沟谷防护林等则要求树种具有根系发达、生长迅速、落叶丰富易分解、耐干旱贫瘠、适应性强等特点。用材林可分为大径级用材林和小径级用材林。用材林的树种应具备速生、丰产、干形好、树质优等特点。薪炭林要求高密度和较高的生物量。薪炭林生长周期短，林木个体所需要的营养空间相对较少，只有密植才能充分利用空间，并促使树木营养多存于树干，少生枝叶，从而提高薪炭林的质量，薪炭林密度在400~1 000株／亩。经济林以生产果实、树脂、工业原料、木本粮油等为主要目的。在选择经济林的树种时，应注意被利用部分的产量和质量。如以生产果品为主的经济林，其果实应具备味道鲜、果汁多、果肉厚、酸甜适口、石细胞少等特点，密度不能过大，以树冠最大发育程度来确定其密度。风景林与公园绿地为城市居民创造优美的环境和净化的空气，用作风景林的树种应发芽早、落叶晚、树形美观、色彩鲜明、花果艳丽并具有一定的抗污染能力。因此，栽树的种类、方式、密度都要按绿化规划要求配置。通常在干道两旁栽植高大、浓荫的行道树，环园可栽用材林或果树林，合理搭配常绿树与落叶树，乔、灌、草结合。就所研究的干旱地区而言，由于当地水资源匮乏，只能选择低耗水、耐旱的树种作为林地的树种，在这些地区，林地主要是起防护和水土保持作用的防护林。

四、干旱地区牧草地规划

草为土地提供了良好的覆被，而且是草食动物最主要的食物来源。人口的增长导致草地利用和其他特殊利用之间的竞争。为了解决这些冲突，需要合理地制定最有益于人类的规划。为合理制定规划，需要进行资源清查，以考虑草地的各种利用，使资源与利用相称，减少对草地的破坏。资源清查的目的是判定每一草地的气候、土壤、地文、植被的主要特点。草地利用包括放牧、野生动物栖息、娱乐、水源涵养及其他直接利用。

宁夏中部干旱带生态环境脆弱，为满足水土保持的需要，更多的是通过对牧草地的改良、种植、退耕还草等手段保护和改善原本脆弱的生态环境。

（一）天然牧草地

在干旱地区，有些地区由于气候、土壤、水文地质条件较好，因而也会有大面积的天然牧草地。由于土壤、气候、地形等环境条件的限制，草地占有大面积不适合耕作的土地。而在广大干旱与半干旱地区，草地能起到水土保持、水源涵养、改善生态环境的良好作用，长期持久的草地保护，将有利于这些地区水土资源的改良。同时，随着高效节水技术的推广，这些用地将有可能得到有效灌溉，因而，干旱地区的草地本身还是拥有一定后备耕地潜力的土地，将来这部分草地可被用作耕地。这一利用方式对干旱与半干旱地区而言，是符合水土资源可持续发展的比较经济的利用方式。

综上所述，在干旱与半干旱地区，大面积天然牧草地在水资源短缺状态下应予以保护，在保持原有生态系统不被破坏的前提下，作为饲草适度收割。自然条件较优越的草地可作为后备耕地加以培植，使土地在水资源缺乏的情况下仍能可持续利用。一部分作为农业生产后备用地条件较差的草地，可随着人口的增长、工业的发展，用作建设用地。

（二）人工牧草地

在干旱地区，部分地带水资源条件不很稳定，这部分用地作为农业用地时只能"靠天吃饭"，在水资源相对充沛的年份，农业有一定的收成，反之，极有可能连耕作成本都无法收回。基于这种原因，我们将这类土地作为人工牧草地，选择经济效益好的耐旱草种（如苜蓿等）进行人工种植。经笔者多年来对宁夏中部干旱带部分地区的调查发现，人工牧草地既能适应干旱地区的气候条件，也可作为农经作物在广大干旱与半干旱地区推广。因此在具备条件的干旱地区，4~7级的土地均可作为人工牧草地加以利用，这样，既能保障土地的合理利用，也符合土地资源可持续利用的根本原则。

第三节　工业用地规划

由于水资源严重匮乏，广大干旱与半干旱地区只能发展有限的农业经济，然而，对一个地区而言，社会经济的增长必须依赖工业、商业等第二、第三产业的发展，否则，由于农业现代化水平越来越高，大量农村剩余劳动力闲置，经济得不到相应的发展，因而水资源短缺成为制约干旱与半干旱地区社会经济发展的重要因素，最终造成经济越落后，高效节水措施越无法配套，久而久之形成恶性循环。在干旱与半干旱地区，可依据现有的水资源条件，采取节水措施，把农业生产节约下来的水量通过水权转换，因地制宜地适度发展具有地区特色的节水型工业项目，用于满足新增工业项目用水需求。

一、工业用地选择

同其他地区一样，干旱与半干旱地区工业也必须依托当地资源条件来发展，尤其是经济落后地区缺乏工业基础，再加上水资源短缺，工业的发展更是举步维艰。目前，我国广大干旱地区的现状是：经济落后造成农业高效节水技术严重滞后，农业灌溉水资源利用率很低，农业用水所占比重很大，远远超出发达地区水平。因此，在资源条件较好的干旱地区通过农业高效节水技术的应用，发展节水型工业项目尚有较大的空间。相应的工业用地选择需要从以下几个方面着手。

1. 要依托资源和交通优势选择工业地带

我国绝大部分干旱地区，生态环境十分脆弱，但当地矿产资源大都非常丰富，现有的工业仅限于矿产资源的开采，根本的原因：一是经济落后，无力发展工业项目；二是工业发展需要消耗较多的水资源，当地有限的水资源无法保障工业项目的需要。因此，这些地区可应用农业高效节水技术、挖掘节水潜力，在资源和交通条件优越的地区培植节水型工业。

2. 工业用地位置选择要注意与其他用地的关系

一类工业主要为无污染或污染较轻的产业，对生态环境和居住用地的影响较小，因此地势较平坦、交通便利的区域都适合一类工业的发展。对干旱地区而言，一类工业均布局在生态适宜区内，考虑职工上下班的便捷性，应尽量靠近城镇或农村居民点布置，在具体实施过程中应该强调对河流水体的保护，对噪声、大气污染采取防护和减缓措施等。二类工业是对其他用地有一定干扰和污染的产业，如食品、纺织等，这类工业项目水资源需求量不是很大，而其生产也大多靠周边居民提供劳动力，因此，二类工业的布局与居住用地之间应保持一定距离，做好污染防护即可。三类工业是污染严重的产业项目，如能源化工等，这类工业对水资源和其他能源的需求量大，而且其污染对生态环境有较大的影响。在干旱与半干旱地区，这类工业的布局，除考虑对其他用地的影响，应远离居住等用地外，更多地还必须在工业内部从用地规划到技术革新上减少对原本脆弱的生态环境的再度损害。

3. 地形要满足工业用地和工业发展的需要

要根据工业项目的要求，选择地形符合相应要求的地带作为工业用地，同时，考虑工业未来发展的需要，工业用地必须保持一定的弹性，留出足够的发展空间。

4. 水资源条件要满足工业的需要

在安排工业项目时，要注意工业用水与农业用水的协调平衡。尤其在干旱与半干旱地区，工业用地必须选择农业节水潜力较大、能满足工业用水条件的地带。

5. 工业用地必须有可靠的能源供应

大多的工业再生产过程中都需要有大量的电力供应，在工业用地规划时尽可能选择靠近电源的地带布置，能有效减少高压线缆的架设、减少电能损失。

工程地质和水文地质条件满足工业用地要求的地带：工业用地不能选择在7级及7级以上的地震区；土壤的耐压强度$1.5\,kg/cm^2$以上；避开洪水冲刷和淹没地带，工业用地高出最高洪水位$0.5\,m$以上，最高洪水频率至少为50年一遇；在有水库的地带布置时，要布置在水库的上游地带，防止水库发生意外时，建筑被水冲毁。

二、工业用地布局

工业用地布局在相当大程度上影响地区甚至区域的空间布局。工业可提供大量就业岗位，对干旱与半干旱地区而言，将为大量农村剩余劳动力提供前所未有的就业机会，带动这些地区经济的发展。同时工业生产产生大量废水、废气、废渣和噪声，会对原本脆弱的生态环境造成破坏。因此，只有科学合理地进行工业用地规划布局，才能既满足工业发展的需求，又有利于地区社会经济的可持续发展。

1. 工业用地在区域空间上均衡布置

土地可持续利用的社会目标是建构区域内公平发展的社会经济体系，而工业的发展给地区经济发展带来了契机，对经济落后的干旱与半干旱地区而言，虽然土地资源广博，但由于水资源条件的限制，只有很小一部分土地被作为农业生产用地开发利用，这样就造成这些地区大量农村劳动力的剩余，社会经济发展水平远远落后于其他地区。因此，在这些地区利用好当地良好的矿产等自然资源，通过提高农业用水利用率，减少农业用水，适度发展工业经济，将为干旱地区解放剩余生产力、促进社会经济的发展起到巨大作用。工业的发展会带动周边地区商业、服务业等第三产业的发展，从而为地区社会经济的可持续发展创造良好的条件。但在区域内，资源共享、均衡发展是实现社会公平性目标的前提和基础，工业项目在经济落后地区应根据地区资源优势，因地制宜，均衡布置，这为实现社会公平性奠定了基础。

2. 工业用地集约化利用

在干旱与半干旱地区，工业基础较为薄弱，为节约成本，一、二类工业用地应尽可能靠近城镇和村庄布局，三类工业由于污染严重，应布置在远离水源地、居民点和农田等生态体系的区域。无论何种布置方式，工业用地都应相对集中布置，使工业在局部形成一定规模，实现工业用地的集约化利用，这样可以减少工业基础配套设施重复建设，从而节约建设资金投入。

3. 工业区内部按照水资源循环利用进行工业项目规划

对干旱与半干旱地区而言，水资源非常紧缺，仅通过农业节水措施实现工业的发展是不够的。除不选择高耗水项目外，工业区内部规划也要充分考虑水资源循环利用的需要，也就是说，为了充分发挥有限水资源的利用效率，干旱地区工业项目在布局上不应独立布置，尤其是耗水量较大的工业项目，应集中成片布置。在用地规划上，应充分考虑各工业项目对水资源水量、水质等方面的要求，将耗水量最大、水质要求最高的工业项目作为高级用水户，依次确定中、低级用水户。在用地布局上，将高级用水户置于工业供水水源的前端，依次布局，通过水价调节等机制，实现高端用户向低端用户供水，工业区协同合作。在末端建立污水处理设施，统一处理。这样可实现水资源循环利用，减少水污染。

4.通过工业经济的发展,建立健全生态补偿机制,为干旱与半干旱地区生态环境改良做出贡献

在干旱与半干旱地区,绝不能因发展工业、提高经济效益而牺牲生态环境,工业的发展给经济发展创造了良好的条件,同时也会对当地自然生态环境造成一定影响。一些地区的实践表明,在干旱地区,工业用水经过处理达到中水标准后排放到工业区外围构建的人工生态系统,将会极大地改善这一地区的生态环境。因此,在干旱地区发展工业项目就必须建立健全这样的生态保护和补偿机制。在工业区周围大面积发展生态用地,如生态林地、景观水域等,既可充分发挥水资源的效益,又可利用有限的水资源改善这一地区生态环境,最终形成地区可持续发展的生态良性循环体系。

第四节　小结

干旱地区大多处于社会经济较落后的状态,究其原因,除技术和设施落后、水资源利用率低、水土资源利用不合理等因素外,还有更重要的原因,即土地利用系统内部缺乏统一规划,各类用地布局处于混乱无序的状态,这给水资源的高效利用和生态良性发展带来了很大的障碍。

本章从工业、农业以及居民生活三个方面,全面分析了干旱地区居民点用地、农业用地、工业用地布局对水资源利用的影响,科学合理地布局区域内各类用地,将有利于这些地区水资源的合理利用,在保障社会经济效益的同时,使地区自然生态环境向良性循环、可持续的方向发展。土地的集约化利用,既有利于现代化生产方式的应用,又可节约大量生产力,在广大干旱与半干旱地区,更重要的是有利于水资源高效循环利用,充分发挥水资源的利用效益。因此,科学合理的土地利用结构又可为水土资源的可持续利用奠定良好的基础。

第十章　宁夏中部干旱带适水发展的土地可持续利用规划

　　宁夏中部干旱带处于宁夏多年平均降水量400 mm以下的中部地带，北临灵武市引黄灌区，南连海原县黄土丘陵沟壑区，东靠盐池县毛乌素沙漠，西北接中卫市香山南麓腾格里沙漠，包括吴忠市的盐池县、同心县、红寺堡区及利通区山区，中卫市的海原县、中宁县山区和沙坡头区山区，共涉及7个县（市、区）。

　　宁夏中部干旱带的地形为南高北低、东高西低、地貌类型南部以黄土丘陵沟壑区为主，北部为丘陵台地，海拔1 300~2 600 m，沟壑纵横、梁峁起伏，地形支离破碎，植被覆盖率不足20%，水土流失严重，生态环境极为恶劣。

　　宁夏中部干旱带土壤类型以新积土、灰钙土和黄绵土为主，另有黑垆土、风沙土等。黄绵土、新积土土层厚，土壤有机质及养分含量相对较高。黄绵土有效土层深厚，表层以轻壤土为主，具有一定的持水、保肥能力，适合作物生长。

　　宁夏中部干旱带主要发育新生代地层，局部有古生代地层。同心以南地层岩性主要为第四系黄土层，具有湿陷性；同心以北地层岩性可分为岩石和壤土，岩石表层覆有厚度不等的第四系砂壤土、壤土，下部为砂质泥岩、角砾岩、泥质砂岩及砂砾岩等，砂壤土、壤土、黄土大多数为非自重湿陷土。

　　宁夏中部干旱带工程地质条件较好，地层单一，层位稳定，构造简单，但也不同程度地存在一些工程地质问题，主要有湿陷性黄土遇水湿陷和流动沙丘对渠道的影响。

　　宁夏中部干旱带以旱耕地为主，很多地区由于长期缺水，只能"靠天吃饭"，土地生产能力低下。大面积土地处于荒芜状态，且由于该地区经济落后，水利基础设施薄弱，水资源利用率低，水土矛盾进一步加大。因此，在该地区研究实施农业高效节水技术，节约水资源，提高水资源利用率，推广适应水资源条件的土地利用规划，将为该地区社会经济的可持续发展奠定坚实的基础。

根据水土资源可持续利用理论模型，结合宁夏远景目标规划，本研究将可持续发展期限定在了可信度较高（现状研究资料全面，总体规划数据更可靠）的2010—2030年。

第一节　宁夏中部干旱带土地利用现状分析

一、宁夏中部干旱带土地利用现状

宁夏中部干旱带地广人稀，是宁夏农业发展的重点地区。根据中部干旱带各市（县、区、农垦集团）土地调查成果，中部干旱带土地利用现状为：土地总面积226.21万 hm^2，其中耕地52.04万 hm^2，占总面积的23.01%，包括水浇地和旱地，分别占耕地总面积的23.66%和76.34%，分布在7区、县；园地1.06万 hm^2，占总面积的0.47%，包括果园和其他园地，分别占园地面积的43.08%和56.92%；林地28.81万 hm^2，占总面积的12.73%，包括有林地、灌木林地和其他林地，分别占林地总面积的7.43%、71.87%和20.70%；草地117.29万 hm^2，占总面积的51.85%，包括天然牧草地、人工牧草地和其他草地，分别占草地总面积的74.32%、1.34%和24.34%；交通运输用地2.17万 hm^2，占总面积的0.96%，包括铁路用地、公路用地、农村道路用地、机场用地和管道运输用地，分别占交通运输用地的7.63%、30.17%、62.08%、0.03%和0.09%；水域及水利设施用地2.04万 hm^2，占总面积的0.90%，包括河流水面、湖泊水面、水库水面、坑塘水面、内陆滩涂、沟渠和水工建筑用地，分别占水域及水利设施用地的13.57%、0.24%、9.38%、5.28%、13.00%、55.62%和2.91%；其他土地16.40万 hm^2，占总面积的7.25%，包括设施农用地、田坎、盐碱地、沼泽地、沙地和裸地，分别占其他用地的0.58%、11.06%、2.89%、0.17%、7.56%和77.74%；城镇、村及工矿用地6.41万 hm^2，占总面积的2.83%，包括建制镇用地、村庄用地、采矿用地、风景名胜及特殊用地，分别占城镇、村及工矿用地的11.65%、78.99%、6.89%和2.47%。如表10-1至表10-9所示。

表 10-1　宁夏中部干旱带土地利用现状

单位：hm²

行政区域	土地总面积	耕地面积	园地面积	林地面积	草地面积	城镇、村及工矿用地面积	交通运输用地面积	水域及水利设施用地面积	其他土地面积
利通区山区	41 425.28	5 477.59	859.60	585.57	27 696.94	939.14	466.16	1 838.39	3 561.89
红寺堡区	275 621.56	36 876.34	1 800.20	44 371.70	161 590.65	9 153.95	3 489.48	4 473.29	13 865.95
盐池县	655 379.32	99 787.78	989.20	91 665.57	387 449.74	14 265.45	5 376.72	2 416.06	53 428.80
同心县	443 334.19	139 346.28	1 731.85	57 652.24	175 609.55	15 791.04	4 510.98	3 909.15	44 783.10
沙坡头区山区	184 739.70	31 607.42	483.13	17 953.38	124 681.69	2 670.90	1 059.80	530.48	5 752.90
中宁县山区	162 679.00	39 457.58	3 246.40	6 034.31	91 080.62	4 980.07	2 305.07	3 780.54	11 794.41
海原县	498 954.80	167 888.16	1 448.84	69 807.28	204 782.76	16 304.10	4 465.69	3 481.68	30 776.29
合计	2 262 133.85	520 441.15	10 559.22	288 070.05	1 172 891.95	64 104.65	21 673.90	20 429.59	163 963.34
占总面积的百分比	100.00%	23.01%	0.47%	12.73%	51.85%	2.83%	0.96%	0.90%	7.25%

表 10-2　宁夏中部干旱带耕地利用现状

行政区域	耕地		其中			
			水浇地		旱地	
	总面积 /hm²	占土地总面积的百分比 /%	面积 /hm²	占耕地总面积的百分比 /%	面积 /hm²	占耕地总面积的百分比 /%
利通区山区	5 477.59	13.22	5 476.34	99.98	1.25	0.02
红寺堡区	36 876.34	13.38	30 750.53	83.39	6 125.81	16.61
盐池县	99 787.78	15.23	12 639.30	12.67	87 148.48	87.33
同心县	139 346.28	31.43	25 757.89	18.48	113 588.39	81.52
沙坡头区山区	31 607.42	17.11	1 370.67	4.34	30 236.75	95.66
中宁县山区	39 457.58	24.25	20 784.72	52.68	18 672.86	47.32
海原县	167 888.16	33.65	26 338.72	15.69	141 549.44	84.31
合计	520 441.15	23.01	123 118.17	23.66	397 322.98	76.34

表 10-3　宁夏中部干旱带园地利用现状

行政区域	园地		其中			
			果园		其他园地	
	总面积 /hm²	占土地总面积的百分比 /%	面积 /hm²	占园地总面积的百分比 /%	面积 /hm²	占园地总面积的百分比 /%
利通区山区	859.60	2.08	858.83	99.91	0.77	0.09
红寺堡区	1 800.20	0.65	496.12	27.56	1 304.08	72.44
盐池县	989.20	0.15	590.03	59.65	399.17	40.35
同心县	1 731.85	0.39	958.56	55.35	773.29	44.65

续表

行政区域	园地		其中			
			果园		其他园地	
	总面积/hm²	占土地总面积的百分比/%	面积/hm²	占园地总面积的百分比/%	面积/hm²	占园地总面积的百分比/%
沙坡头区山区	483.13	0.26	173.68	35.95	309.45	64.05
中宁县山区	3 246.40	2.00	1 216.45	37.47	2 029.95	62.53
海原县	1 448.84	0.29	255.11	17.61	1 193.73	82.39
合计	10 559.22	0.47	4 548.78	43.08	6 010.44	56.92

表 10-4　宁夏中部干旱带林地利用现状

行政区域	林地		其中					
			有林地		灌木林地		其他林地	
	总面积/hm²	占土地面积的百分比/%	面积/hm²	占林地总面积的百分比/%	面积/hm²	占林地总面积的百分比/%	面积/hm²	占林地总面积的百分比/%
利通区山区	585.57	1.41	56.18	9.59	328.59	56.12	200.80	34.29
红寺堡区	44 371.70	16.10	1 436.14	3.24	27 156.34	61.20	15 779.22	35.56
盐池县	91 665.57	13.99	8 231.45	8.98	80 961.30	88.32	2 472.82	2.70
同心县	57 652.24	13.00	2 512.26	4.36	37 746.15	65.47	17 393.83	30.17
沙坡头区山区	17 953.38	9.72	140.83	0.78	17 804.33	99.17	8.22	0.05
中宁县山区	6 034.31	3.71	56.08	0.93	5 763.32	95.51	214.91	3.56
海原县	69 807.28	13.99	8 980.18	12.86	37 273.15	53.40	23 553.95	33.74
合计	288 070.05	12.73	21 413.12	7.43	207 033.18	71.87	59 623.75	20.70

表 10-5　宁夏中部干旱带草地利用现状

行政区域	草地		其中					
			天然牧草地		人工牧草地		其他草地	
	总面积 /hm²	占土地总面积的百分比 /%	面积 /hm²	占草地总面积的百分比 /%	面积 /hm²	占草地总面积的百分比 /%	面积 /hm²	占草地总面积的百分比 /%
利通区山区	27 696.94	66.86	23 613.34	85.26			4 083.60	14.74
红寺堡区	161 590.65	58.63	71 459.91	44.22	967.61	0.60	89 163.13	55.18
盐池县	387 449.74	59.12	361 728.76	93.36	11 325.18	2.92	14 395.80	3.72
同心县	175 609.55	39.61	60 157.34	34.26	151.47	0.09	115 300.74	65.65
沙坡头区山区	124 681.69	67.49	110 329.79	88.49	2 297.00	1.84	12 054.90	9.67
中宁县山区	91 080.62	55.99	83 224.88	91.37	51.08	0.06	7 804.66	8.57
海原县	204 782.76	41.04	161 153.21	78.70	949.48	0.46	42 680.07	20.85
合计	1 172 891.95	51.85	871 667.23	74.32	15 741.82	1.34	285 482.90	24.34

表 10-6　宁夏中部干旱带城镇、村及工矿用地利用现状

行政区域	城镇、村及工矿用地		其中							
			建制镇用地		村庄用地		采矿用地		风景名胜及特殊用地	
	总面积 /hm²	占土地总面积的百分比 /%	面积 /hm²	占建设用地总面积的百分比 /%	面积 /hm²	占建设用地总面积的百分比 /%	面积 /hm²	占建设用地总面积的百分比 /%	面积 /hm²	占建设用地总面积的百分比 /%
利通区山区	939.14	2.27	54.13	5.76	699.01	74.43	25.63	2.73	160.37	17.08
红寺堡区	9 153.95	3.32	1 071.86	11.71	6 219.13	67.94	1 733.77	18.94	129.19	1.41
盐池县	14 265.45	2.18	2 003.20	14.04	10 901.14	76.42	1 253.12	8.78	107.99	0.76

续表

行政区域	城镇、村及工矿用地		其中							
			建制镇用地		村庄用地		采矿用地		风景名胜及特殊用地	
	总面积/hm²	占土地总面积的百分比/%	面积/hm²	占建设用地总面积的百分比/%	面积/hm²	占建设用地总面积的百分比/%	面积/hm²	占建设用地总面积的百分比/%	面积/hm²	占建设用地总面积的百分比/%
同心县	15 791.04	3.56	2 123.10	13.44	12 679.81	80.30	404.29	2.56	583.84	3.70
沙坡头区山区	2 670.90	1.45	178.40	6.68	2 200.54	82.39	277.69	10.40	14.27	0.53
中宁县山区	4 980.07	3.06			4 651.82	93.41	218.18	4.38	110.07	2.21
海原县	16 304.10	3.27	2 038.23	12.50	13 282.00	81.47	504.36	3.09	479.51	2.94
合计	64 104.65	2.83	7 468.92	11.65	50 633.45	78.99	4 417.04	6.89	1 585.24	2.47

表 10-7　宁夏中部干旱带交通运输用地利用现状

单位：hm²

行政区域	交通运输用地面积	其中				
		铁路用地面积	公路用地面积	农村道路用地面积	机场用地面积	管道运输用地面积
利通区山区	466.16		172.99	293.17		
红寺堡区	3 489.48	358.52	1 220.22	1 890.94		19.80
盐池县	5 376.72	773.49	1 906.68	2 690.85	5.70	
同心县	4 510.98	88.24	1 117.84	3 304.90		
沙坡头区山区	1 059.80		241.15	818.65		
中宁县山区	2 305.07	172.66	665.95	1 466.46		
海原县	4 465.69	260.16	1 215.33	2 990.20		
合计	21 673.9	1 653.07	6 540.16	13 455.17	5.70	19.80

表 10-8　宁夏中部干旱带水域及水利设施用地利用现状

单位：hm²

行政区域	水域及水利设施用地面积	其中						
		河流水面面积	湖泊水面面积	水库水面面积	坑塘水面面积	内陆滩涂面积	沟渠面积	水工建筑用地面积
利通区山区	1 838.39	306.31			62.08	325.78	1 134.91	9.31
红寺堡区	4 473.29	562.45		290.53	392.49	144.13	3 009.12	74.57
盐池县	2 416.06	402.25		128.81	368.15		1 416.37	100.48
同心县	3 909.15	778.63		99.60	84.29	309.50	2 470.77	166.36
沙坡头区山区	530.48	252.62		17.98	30.00	79.19	132.08	18.61
中宁县山区	3 780.54	308.49	49.79	634.24	95.63	226.11	2 403.12	63.16
海原县	3 481.68	163.30		744.42	45.21	1 571.52	796.22	161.01
合计	20 429.59	2 774.05	49.79	1 915.58	1 077.85	2 656.23	11 362.59	593.5

表 10-9　宁夏中部干旱带其他用地利用现状

单位：hm²

行政区域	其他用地面积	其中					
		设施农用地面积	田坎面积	盐碱地面积	沼泽地面积	沙地面积	裸地面积
利通区山区	3 561.89	33.14	2.22	59.42		2 723.36	743.75
红寺堡区	13 865.95	336.98	296.96	1 113.50	0.61	2 126.22	9 991.68
盐池县	53 428.80	213.30	2 608.82	3 259.07	7.45	6 122.82	41 217.34
同心县	44 783.10	183.12	4 275.38	38.67		1 208.27	39 077.66
沙坡头区山区	5 752.90	29.39	662.11	261.05		11.51	4 788.84

行政区域	其他用地面积	其中					
		设施农用地面积	田坎面积	盐碱地面积	沼泽地面积	沙地面积	裸地面积
中宁县山区	11 794.41	125.00	990.09		264.44	199.08	10 215.80
海原县	30 776.29	30.51	9 303.16	5.60			21 437.02
合计	163 963.34	951.44	18 138.74	4 737.31	272.5	12 391.26	127 472.09

二、宁夏中部干旱带土地利用现状中存在的问题

宁夏中部干旱带土地垦殖率为55.63%，土地利用率为83.63%，耕地复种率为125%。现状条件下，宁夏中部干旱带作物种植以粮食作物为主。玉米种植面积最大，约占作物总种植面积的30%，其次是马铃薯和西甜瓜。作物种植大多仍采用传统的种植方法，也有部分作物根据长期灌溉经验，采用了一些高效节水灌溉技术。宁夏中部干旱带土地利用存在的问题主要有以下几个方面。

1. 土壤沙化

土壤沙化是宁夏中部干旱带的突出问题，这些区域土地贫瘠，部分地区受风沙侵袭，土地沙漠化较突出，保水保肥能力差，土地产出率低。

2. 干旱少雨，水资源紧缺

宁夏中部干旱带年降水量不足200 mm，气候干旱，风沙危害严重，人畜饮水出现困难。该地区当地水资源总量2.43亿 m³，其中可利用水资源量只有0.76亿 m³，大部分为苦咸水，矿化度高达4~7 g/L。已建成的扬水工程水资源量有限，调蓄工程缺乏。干旱缺水严重制约着当地农、林、牧业生产，工业更无法发展，成为该区域发展最重要的限制因素。

3. 土地利用结构不合理

宁夏中部干旱带由于经济较为落后，除依靠现有农业生产外，几乎没有工业等其他产业。农业内部产业结构也很不合理，高耗水作物大量种植，加之没

有行之有效的高效节水技术措施，该地区水资源紧缺的矛盾进一步加剧。

4.土地面积广阔，开发利用率低

从宁夏中部干旱带土地利用现状来看，天然牧草地面积87.17万 hm²，在土地总面积中占比最高，达到了38.53%，耕地所占比重偏低，然而这些天然牧草地大都处于地形较平坦的地区，由于干旱和水资源短缺的原因，成为杂草滩，无人经营管理，土地荒漠化严重，土地开发利用的潜力巨大。

第二节　宁夏中部干旱带土地可持续开发利用评价及分析

一、土地可持续利用评价指标体系

（一）宁夏中部干旱带社会经济发展目标

宁夏中部干旱带所在的7个县（市、区），2010年总人口234.69万人，其中城市人口69.18万人，农村人口165.51万人，城镇化率29.48%，低于全区44.98%的水平，也远低于全国平均水平，城镇基础设施水平、工业化率均较低。

引黄灌区人口占全区人口的47.3%，密度为400人/km²，中部干旱带人口密度仅为104人/km²。中部干旱带所在地区属经济欠发达地区，工业基础薄弱，地区生产总值和地方财政收入偏低；2010年地区生产总值224.7亿元，占全区生产总值（1643亿元）的13.68%，农民人均纯收入3683元；粮食总产量143.6万 t。宁夏中部干旱带所在县区人口、产业结构、产值现状统计见表10-10。

宁夏中部干旱带拥有大面积宜农荒地资源，据宁夏农业区划办公室调查资料显示，宁夏现有各类荒地资源8.144×10^5 hm²，中部干旱带占77%。中部干旱带有宜农荒地资源4.655×10^5 hm²，占全区宜农荒地资源的84.3%，仅盐池、同心两县就集中了全区宜农荒地资源的47%。

表 10-10 宁夏中部干旱带所在县区人口、产业结构、产值现状统计表（2010 年）

| 县区 | 粮食总产量 / 万 t | 地区生产总值 / 亿元 | | | | 总人口 / 万人 | 农业人口 / 万人 | 劳动力 / 万人 | 农民人均纯收入 / （元·人⁻¹） |
		第一产业	第二产业	第三产业	合计				
利通区	17.2	9.2	28.6	19.4	57.2	37.36	19.39	15.52	5 613
红寺堡区	10.1	2.4	0.9	1.7	5.0	16.37	14.29	7.81	2 660
同心县	21.6	5.2	6.5	6.4	18.1	39.34	29.60	16.38	2 914
盐池县	7.4	3.4	7.7	7.2	18.3	16.73	13.30	11.20	3 002
中宁县	23.7	9.2	20.8	14.3	44.3	31.40	25.18	14.40	4 387
沙坡头区	13.6	10.0	27.3	22.2	59.5	39.03	25.40	16.70	4 556
海原县	15.8	5.7	1.9	7.3	14.9	43.80	35.00	19.58	2 350
农垦部分	34.2	5.0	1.7	0.8	7.5	10.66	3.35	6.49	8 382
合计	143.6	50.1	95.4	79.3	224.8	234.69	165.51	108.08	3 682.83

注：以上数据来源于2010年宁夏各县区统计年鉴。

到2020年，宁夏中部干旱带各类工程年平均供水量为9.63亿 m³，其中扬黄河水8.64亿 m³，开发利用地下水0.87亿 m³，利用当地地表水0.12亿 m³。2010年宁夏中部干旱带农业用水量为8.69亿 m³，占总取水量的97.1%；工业用水量为0.17亿 m³，占总取水量的1.9%；生活用水量为0.089亿 m³，占总取水量的1.0%。中部干旱带农业亩均取水量为491 m³/ 亩，工业万元增加值取水量为148 m³/ 万元，城镇居民生活人均每天取水量为110 L/（人·d），农村居民生活人均每天取水量为26 L/（人·d）。

综上所述，宁夏中部干旱带社会经济发展水平落后于其他地区，更远远落后于全国平均水平，基于这种原因，结合国家宏观经济发展规划，宁夏中部干旱带应借助国土整治和社会主义新农村建设的契机，在社会经济方面实现如下目标。

1. 经济总量目标

按照国家宏观经济发展规划，至2030年，国内生产总值将达117万亿元，约合17.6万亿美元（按2010年不变价）；宁夏生产总值将达5 800亿元，中部干旱带将超过1 200亿元，达到全区生产总值的24%左右。

2. 经济结构目标

当前宁夏中部干旱带水资源利用不合理，97%以上水资源用于农业灌溉，且农业灌溉水资源利用系数仅为0.45，利用率低下；按照规划，至2030年，中部干旱带农业灌溉用水利用系数将提高到0.65，农业灌溉用水的比例将降到水资源总量的70%左右，三大产业增加值调整为8∶60∶32。

3. 人民生活水平目标

到2030年（按2010年不变价），宁夏中部干旱带的职工年平均工资20 000元，农民人均收入8 000元，城镇居民人均住房面积36~40 m²，城市住房成套率90%以上；农村居民人均住房面积50 m²。

4. 社会发展目标

至2030年，随着科技的进步，其对经济增长的贡献率将达60%以上，宁夏中部干旱带人口数、人口自然增长率分别控制在330万人（其中包括生态移民38万人）和5‰以内，城镇化水平达40%。

5. 三大产业发展目标

到2030年，宁夏中部干旱带第一产业增加值达46亿元（以下均按2010年不变价），农业总产值达96亿元；第二产业增加值达624.6亿元，工业总产值达720亿元；第三产业增加值达304.7亿元，第三产业总产值达384亿元。

（二）建构宁夏中部干旱带土地可持续利用评价指标体系

土地可持续利用评价指标用来反映土地资源利用的可持续性等属性，它一般具有数量性、代表性和综合性等特点。按照土地可持续利用的概念、目标以及评价的原则和内容，并根据宁夏中部干旱带的实际情况，可从生态合理性、经济可行性和社会可接受性3个方面选择17个因素作为评价因素，初步建立宁夏中部干旱带土地可持续利用评价指标体系，如表10-11所示。

表 10-11　宁夏中部干旱带土地可持续利用评价指标体系

子目标		单项因素	权重	目标值	状态值	评估值
生态指标 0.312	X_1	植被覆盖率 /%	0.14	60	55.41	0.9235
	X_2	人均耕地量 / （hm² · 人⁻¹）	0.14	0.15	0.222	1
	X_3	单位面积土地水资源保有量 / （m³ · hm⁻²）	0.36	500	395.6	0.7912
	X_4	耕地综合取水量 / （m³ · 亩⁻¹）	0.36	300	491	0.6110
经济指标 0.416	X_5	单位面积耕地粮食产量 / （kg · hm⁻²）	0.10	7500	3900	0.5200
	X_6	农业用水利用系数	0.20	0.65	0.45	0.6923
	X_7	土地生产率 / （万元 · km⁻²）	0.12	530	99.33	0.1874
	X_8	农民人均纯收入 / （元 · 人⁻¹）	0.12	8000	3683	0.4604
	X_9	第二产业比重 /%	0.12	60	42.46	0.7720
	X_{10}	农业在 GDP 中的比重 /%	0.12	8	21.35	0.4684
	X_{11}	耕地复种指数 /%	0.08	150	125	0.8333
	X_{12}	人均 GDP/ （万元 · 人⁻¹）	0.14	3.7	0.96	0.2595
社会指标 0.272	X_{13}	人口密度 / （人 · km⁻²）	0.12	146	104	1
	X_{14}	人均粮食占有量 / （kg · 人⁻¹）	0.28	500	612	1
	X_{15}	交通用地占总用地的比重 /%	0.14	1	0.96	0.9600
	X_{16}	后备土地资源占总用地的比重 /%	0.30	30	20.58	0.6860
	X_{17}	城镇化水平 /%	0.16	40	29.48	0.7370

　　注：生态指标、经济指标及社会指标权重来源于彭补拙、安旭东、陈浮等对土地可持续利用的研究成果。

（三）评价指标权重的确定

　　权重是各项指标重要程度定量化的度量方式。针对干旱地区水资源匮乏的现实，水资源条件在干旱地区自然生态系统中占有最重要的地位，采用层次分析法确定各项子目标下的指标及其权重。生态合理性各项指标 X_1、X_2、X_3、X_4，权重分别为0.14、0.14、0.36、0.36；经济可行性各项指标 X_5、X_6、X_7、X_8、X_9、X_{10}、X_{11}、X_{12}，权重分别为0.10、0.20、0.12、0.12、0.12、0.12、0.08、0.14；社会可接受性各项指标 X_{13}、X_{14}、X_{15}、X_{16}、X_{17}，各项权重为0.12、0.28、0.14、0.30、0.16。

（四）评价标准的建立

参考彭补拙等[1]对土地资源可持续利用的研究，将土地可持续利用划分为非可持续利用阶段、可持续利用起步阶段、初步可持续利用阶段和可持续利用阶段4个阶段（见表10-12）。

表 10-12 土地可持续利用的评价标准

综合评价值	< 0.5	0.5 ~ 0.7	0.7 ~ 0.9	> 0.9
评判结果	非可持续利用	可持续利用起步	初步可持续利用	可持续利用

（五）评价指标的量化

以上各单项指标基本可以分为两种类型：一是对可持续性起正向作用的指标，如人均收入等，该类指标越大越好；二是对可持续性起逆向作用的指标，如人口密度，该类指标越小越好，因而应采取不同的量化方法[2]。

1. 逆向指标

$$a_{ij} = \begin{cases} 1 & X_{ij} < Z_i \\ 1 & X_{ij} = Z_i \\ Z_i/X_{ij} & X_{ij} > Z_i \end{cases} \quad i=1, 2, \cdots, m \quad j=1, 2, 3$$

① 彭补拙，安旭东，陈浮，等.长江三角洲土地资源可持续利用研究[J].自然资源学报，2001，16（4）：305-312.

② 钟毅.广东省土地资源可持续利用综合评价[J].中国土地科学，2001，15（5）：43-48.

2. 正向指标

$$a_{ij}=\begin{cases} Z_i/X_{ij} & X_{ij}<Z_i \\ 1 & X_{ij}=Z_i \quad i=1,2,\cdots,m \quad\quad j=1,2,3 \\ 1 & X_{ij}>Z_i \end{cases}$$

式中：j 表示生态合理性、经济可行性和社会可接受性三个子系统；X_{ij} 为第 j 个子系统第 i 项评价指标的实际值；Z_i 为第 i 项评价指标的标志值；a_{ij} 为第 j 个子系统第 i 项评价指标的评价值。

（六）综合评价

土地可持续利用评价指标体系中每一单项指标均是从不同侧面来反映土地可持续利用的状况，因而对总体状况必须进行综合评价，采用多目标线性加权函数法计算：

$$U=\sum_{j=1}^{3}\left(\sum_{i=1}^{n}a_{ij}\times r_{ij}\right)\times w_j \quad (i=1,2,\cdots n)$$

式中：W_j 是第 j 个子系统的权重，即生态合理性、经济可行性和社会可接受性三个子系统的权重；r_{ij} 是第 j 个子系统第 i 项单项评价指标的权重，U 为区域土地可持续利用综合水平指标。

根据土地可持续利用指标体系对宁夏中部干旱带进行评价，结果表明宁夏中部干旱带土地尚处于可持续利用起步阶段。从子目标评价指数情况（见表10-13）来看，宁夏中部干旱带通过高效节水、生态治理等手段，生态合理性和社会可接受性较好，已达初步可持续利用水平，经济性指数较低，仅为0.52，表明土地资源利用的经济效果较差，结合前文的评价可见，水资源匮乏导致经济落后是宁夏中部干旱带土地可持续利用的重要障碍。

表 10-13　宁夏中部干旱带土地可持续利用评价结果

评价项目	评价结果	评价项目	评价结果
生态因子	0.774 1	社会因子	0.858 1
经济因子	0.520 0	综合评价值	0.691 3

二、宁夏中部干旱带土地可持续利用障碍因子

结合以上评价结果，运用因子综合障碍度评价法对宁夏中部干旱带土地的可持续利用水平进行评判，尤其是要寻找可持续利用的障碍因子，便于该地区适时、有针对性地对土地利用行为与政策进行调整，这就需要对土地可持续利用进行障碍诊断。宁夏中部干旱带土地可持续利用障碍因子及其排序见表10-14、表10-15。

表 10-14 宁夏中部干旱带土地可持续利用障碍因子

障碍因子	障碍度	障碍因子	障碍度
X_1	1.02	X_{10}	8.06
X_2	0	X_{11}	1.69
X_3	7.12	X_{12}	13.10
X_4	13.27	X_{13}	0
X_5	6.07	X_{14}	0
X_6	7.78	X_{15}	0.71
X_7	12.32	X_{16}	11.90
X_8	8.18	X_{17}	5.32
X_9	3.46		

表 10-15 宁夏中部干旱带土地可持续利用障碍因子排序

次序	障碍因子	障碍度
1	X_4	13.27
2	X_{12}	13.10
3	X_7	12.32

次序	障碍因子	障碍度
4	X_{16}	11.90
5	X_8	8.18
6	X_{10}	8.06
7	X_6	7.78
8	X_3	7.12
9	X_5	6.07
10	X_{17}	5.32
11~17	其余 7 项	≤ 4.00

　　宁夏中部干旱带土地可持续利用障碍因子主要有10项，依次为耕地综合取水量、人均 GDP、土地生产率、后备土地资源占总用地的比重、农民人均纯收入、农业在 GDP 中的比重、农业用水利用系数、单位面积土地水资源保有量、单位面积耕地粮食产量、城镇化水平。从土地可持续利用的角度来看，耕地综合取水量、农业用水利用系数、单位面积土地水资源保有量反映的是土地利用中的生态问题；人均 GDP、土地生产率、农民人均纯收入、农业在 GDP 中的比重、单位面积耕地粮食产量既反映了经济效益问题，也反映了地区经济发展的公平问题；城镇化水平反映的是社会问题；后备土地资源占总用地的比重既反映了生态和社会问题，也涉及土地利用的代际公平问题。因此，宁夏中部干旱带水土资源可持续利用规划应建立公平和效益兼顾的目标，协调好各方面的关系。

第三节　宁夏中部干旱带适水发展的土地可持续利用规划

一、适水发展的土地可持续利用规划的目标

根据土地可持续利用规划优化模型的特点，适水发展的土地可持续利用规划的目标可以归纳为公平目标和效益目标。

1. 公平目标

土地可持续利用规划的公平目标包括代内公平、区际公平和代际公平三个方面。代内公平主要表现为国民经济各部门之间土地的合理分配，其可通过规划的三种效益最大化来体现。区际公平表现为宁夏中部干旱带与干旱带以外的区际协调问题，需更高层次的规划来解决，规划方案为减少研究的复杂程度，对此暂不考虑。代际公平是土地可持续利用规划的关键问题和核心问题，是土地可持续利用规划的重要特性。

2. 效益目标

土地可持续利用规划的效益目标包括经济效益、社会效益和生态效益。三种效益之间可能存在多种组合形式：（1）其中一种效益好，另两种效益差，如经济效益好，生态效益及社会效益差；（2）其中两种效益好，一种效益差，如生态效益和社会效益好，经济效益差；（3）三种效益均差，此方案不足取；（4）三种效益皆好，此方案是最优化的方案。但现实的规划中，三种效益之间存在固有的矛盾和冲突，第四种组合形式基本上很难出现，此时规划的效益目标为追求三种效益的最大化。

二、适水发展的土地可持续利用规划方案设计

对土地可持续利用而言，如果要保持后代满足其需要的能力不受危害，可以选择四种规划方案：（1）保持土地的总物质存量不变；（2）保持土地的总价值不降低；（3）保持土地的功能不降低，可将土地的功能称为土地的生态

生产力，其表示的是土地的面积和生产能力的总和；（4）保持三种资本的总价值不降低。此规划方案以接受人造资本、社会资本可以对自然资本进行替代为前提。

上述第二种规划方案存在价值核算的难点，第四种规划方案的前提条件并不完全成立。根据宁夏中部干旱带的实际情况和资料的可获性，本研究基于上述第一种和第三种规划方案，设计了农业用地和工矿用地实现土地利用代际公平的四种规划方案（见表10-16）。

表 10-16　土地可持续利用规划方案的设计

方案	土地的生态生产力		系统外输入
	农业用地面积	工矿用地面积	
方案 1	0	0	+
方案 2	0	+	+
方案 3	+	0	+
方案 4	+	+	+

注：0表示不变，－表示减少，+表示增加。

各规划方案的特点和要求如下。

方案1：农业用地总面积保持不变，工矿用地面积保持不变；

方案2：农业用地总面积保持不变，工矿用地面积最大；

方案3：农业用地总面积最大，工矿用地面积保持不变；

方案4：农业用地总面积最大，工矿用地面积最大。

为了维持土地产品的数量，必须保证土地的生态生产力（含系统外输入的土地生态生产力）提高。但由于考虑系统外输入，规划中应兼顾区际公平问题。

根据上述假设，土地可持续利用规划的目标可以描述为：在实现土地利用代际公平的前提下，追求土地利用三种效益的最大化。

第四节　宁夏中部干旱带适水发展的土地
可持续利用规划方案优化

一、适水发展的土地可持续利用规划方案的优化模型

只有当土地利用系统各个目标（公平、生态、经济和社会目标）均得以实现时，这种土地利用系统才能称作是可持续性的。在干旱地区，土地利用规划的最大障碍因素是水资源匮乏，因此，对干旱地区来说，要使这些可持续目标得以实现，就要在有限的水资源条件下，通过优化土地的利用方式，使有限的水资源发挥最大效益。

多目标规划的数学模型可以表达如下：

$$\max(\min) Z = F(X) = AX$$

$$\Phi(X) = BX \leqslant b$$

式中：X 为决策变量向量；$Z=F(X)$ 为 k 维目标函数向量；$\Phi(X)$ 是 m 维的约束条件向量；b 是 m 维的常数向量；B 是 $n \times m$ 的常量矩阵；A 是 $k \times n$ 的常量矩阵；k 是目标函数的个数；m 是约束条件的个数；n 是决策变量的个数。

多目标规划不像线性规划那样有最优解，而是具有多个解，因为多个目标函数不可能同时满足最大或最小条件。然而各个解的优劣是可以比较的，结果较理想的称为非劣解。

大系统多目标规划模型是在线性规划模型的基础上发展起来的多目标规划模型。该方法的基本思想是根据多个目标的优先顺序即重要程度，构建一个总目标函数，使得各个目标的误差最小。为建构总目标函数，需要在目标函数中引入偏差变量，即相对于目标值的偏差量，包括正偏差变量和负偏差变量，分别表示相对于目标值的可超过量和可不足量，这样，目标函数就转化为约束条件。如此转化的约束称为目标约束，原始的约束称为绝对约束。转化为目标函数以后，在建构总目标函数时还要考虑各个目标的优先顺序，这是通过定义优先因子和权重系数来实现的。通过上述转换，多目标规划问题就可以变成线性

规划问题来求解了，转化后的多目标规划模型为：

$$miz= \sum_{k=1}^{k} P_k \sum_{l=1}^{l} (d_l^- + d_l^+)$$

$$\sum_{j=1}^{n} c_{jl}x_j + d_l^- - d_l^+ = g_l$$

$$\sum a_{ij}x_j \leqslant (=, \geqslant) b_i$$

$$x_j, \ d_l^-, \ d_l^+ \geqslant 0$$

$$(l=1, \ 2, \cdots, \ L ; i=1, \ 2, \cdots, \ m ; j=1, \ 2, \cdots, \ n)$$

式中：第一个方程为总目标约束；第二个方程为目标约束；第三个方程为决定约束；假定有 L 个目标约束，k 个优先级；c，a，b，g 分别为目标约束系数、绝对约束系数以及约束值；d^+、d^- 为目标函数的正负偏差变量。

二、适水发展的土地可持续利用规划的优化步骤

土地利用规划是由决策者给出一组理想的目标值（各用地部门期望和预测的值，即土地可持续利用所要求的各目标值），进行系统协调，观察能否完成各目标及目标完成或实现的程度，这样会出现三种情况：恰好达到目标、超额完成目标或达不到目标。所以，应用目标规划模型比较合理。宁夏中部干旱带适水发展的土地可持续利用的多目标规划模型建模基本步骤为：

（1）确定规划目标（根据土地可持续利用的要求来确定规划的各项目标）；

（2）确定决策变量（与土地的具体利用方式有关）；

（3）确定规划目标值（包括由预测模型所确定的各功能用地数量）；

（4）确定与决策变量有关的约束条件（包括总土地面积约束、经济效益约束、生态效益约束、社会效益约束、各类用地约束等）；

（5）建立目标函数（确定各个目标的优先级及其权重，加和形成目标函数）；

（6）求非劣解（通过多次调整目标的优先级和改变目标个数，计算得到一系列非劣解，这一系列非劣解组成非劣解集）。

三、宁夏中部干旱带适水发展的土地可持续利用规划模型及其优化

（一）变量设置

恰当地设置变量是建构大系统多目标规划模型的关键，变量的选择要能体现宁夏中部干旱带水资源制约土地资源开发利用的特点和当地土地利用的现状特点，符合土地利用规划的要求及今后的发展趋势。根据这个原则，本研究设置了如下11个变量（见表10-17）。

表 10-17　宁夏中部干旱带土地可持续利用规划模型变量

变量	利用方式	现状面积	变量	利用方式	现状面积
X_1	新增耕地（水浇地）	0	X_7	工矿用地 .	4 417.04
X_2	新增园地	0	X_8	风景名胜及特殊用地	1 585.24
X_3	新增有林地	0	X_9	公路用地	6 540.16
X_4	新增人工牧草地	0	X_{10}	铁路用地	1 653.07
X_5	建制镇	7 468.92	X_{11}	设施农业用地	951.44
X_6	村庄	50 633.45			

（二）目标函数

由于构建土地可持续利用规划的公平目标函数具有较大的困难，根据构建的四种规划方案，应在实现代际公平的前提下，构建土地可持续利用规划的效益目标函数。

1. 经济效益最大目标函数

对宁夏中部干旱带而言，水资源短缺严重制约着当地经济的发展。经济效益的提高是该地区社会可持续发展的前提，也是实现区域公平的前提。因此，要以水资源的高效利用为目标，建构经济效益目标模型：

$$\max Z_1 = \sum_{i=1}^{11} c_i X_i$$

式中：Z_1——水资源在土地上产生的直接经济效益目标函数；X_i——决策变量；c_i——水资源在单位面积土地上产生的经济效益系数。

2. 生态效益最大目标函数

在宁夏中部干旱带，水资源匮乏不仅造成经济落后，而且直接影响该地区的生态环境，致使该地区生态十分脆弱，水土流失严重。因此，要以水资源的高效利用为目标，建构生态效益目标模型：

$$\max Z_2 = \sum_{i=1}^{11} s_i X_i$$

式中：Z_2——生态效益目标函数；X_i——决策变量；s_i——单位变量的最佳生态效益系数。

3. 社会效益最大目标函数

社会效益最大则是尽可能满足各部门需求，使各项用地预测值与规划值的偏差（d^+ 或 d^-）最小。宁夏中部干旱带土地可持续利用规划的前提是保障农用地利用规划值与农用地预测值的偏差最小。

（三）目标期望值的确定

目标期望值根据宁夏中部干旱带三种效益的不同特点分别确定。经济效益目标根据2030年国家国民经济计划确定的 GDP，结合宁夏经济发展规划而确定（GDP 1 200万元）；生态效益目标以2030年宁夏中部干旱带水资源对各类土地的最大承载力作为期望值；社会效益目标以农用地和工矿用地的规划值与需求量的预测值之差为零作为期望值。

（四）目标函数系数的确定

目标函数系数的确定包括两部分：一是经济效益系数的确定，以单位面积各类土地上的 GDP 及各类土地的经济效益作为经济效益系数，二者均为预测数，根据国家宏观经济发展计划，结合地区特点和当地经济发展水平，采用灰色预测、回归预测、趋势预测和经验预测等多种预测方法确定。二是生态效益系数的确定，生态效益系数表示的是各类用地在水资源高效利用条件下单位面积土地的需水量。

（五）建立目标规划模型

在上述基础上，可建立三大效益的多目标线性规划模型：

$$\max Z_1 = 3.6\ (X_1 + X_2 + X_3 + X_4) + 801\,600 + 123.27X_5 + 10.5X_6 + 1\,092.32X_7 + 12.74X_8$$
$$+72X_9 + 104.8X_{10} + 22.5X_{11} + d_1^- - d_1^+$$

$$\max Z_2 = 36\,817.12 + 0.531X_1 + 0.531X_2 + 0.231X_3 + 0.531X_4 + 0.061X_5 + 0.02X_6 + 4.294X_7$$
$$+0.176X_8 + 0.141\ (X_9 + X_{10}) + 0.785X_{11} + d_2^- - d_2^+$$

$$\max Z_3 = X_1 + X_2 + X_3 + X_4 + X_{11} + d_3^- - d_3^+$$

再根据土地可持续利用规划优化的要求，建立目标规划模型：

$$\min Z = P_1 d_1^- + P_2 d_2^- + P_3 d_3^-$$

式中：Z_1、Z_2、Z_3 分别表示经济效益、生态效益、农用地需求满足度的目标函数；P_1、P_2、P_3 分别表示经济效益、生态效益、农用地需求满足度三个目标函数的权重；d_1^-、d_2^-、d_3^- 分别表示经济效益、生态效益、农用地需求满足度的目标函数的负偏差变量；d_1^+、d_2^+、d_3^+ 分别表示经济效益、生态效益、农用地需求满足度的正偏差变量。

（六）确定各目标函数偏差变量的权重系数

根据宁夏中部干旱带土地可持续利用评价结果，采用层次分析法进一步确定三个目标函数偏差变量的权重系数（见表10-18）。

表 10-18　目标函数偏差变量权重系数

偏差变量	权重系数
经济效益偏差变量（P_1）	0.47
生态效益偏差变量（P_2）	0.36
社会效益偏差变量（P_3）	0.17

（七）构建约束条件

1. 经济效益约束

$$3.6\ (X_1 + X_2 + X_3 + X_4) + 123.27X_5 + 10.5X_6 + 1\,092.32X_7 + 12.74X_8 + 72X_9 + 104.8X_{10} +$$
$$22.5X_{11} + d_1^- - d_1^+ = 11\,198\,400$$

2. 生态（水资源）约束

$0.531X_1+0.531X_2+0.231X_3+0.531X_4+0.061X_5+0.02X_6+4.294X_7+0.176X_8+0.141$

$(X_9+X_{10})+0.785X_{11}+d_2^- -d_2^+ =59\,418$

3. 新增农用地总面积约束

$X_1+X_2+X_3+X_4=Y_1$

4. 新增水浇地面积约束

$X_1 \geq 0$

$X_1 \geq Y_1/2$

5. 新增园地约束

$X_2 \geq 0$

$X_2 \geq Y_1/3$

6. 新增有林地约束

$X_3 \geq 0$

7. 人工牧草地约束

$X_4 \geq 0$

8. 建制镇用地约束

$X_5 \geq Y_6$

$X_5 \leq Y_7$

9. 村庄用地约束

$X_6 \geq Y_8$

$X_6 \leq Y_9$

10. 工矿用地约束

$X_7=Y_{10}$

11. 风景名胜及特殊用地约束

$X_8 \geq Y_{11}$

12. 公路用地约束

$X_9 \geq Y_{12}$

13. 铁路用地约束

$X_{11} \geqslant Y_{13}$

14. 设施农业用地约束

$X_{13} \geqslant Y_{14}$

（八）相关参数的确定

1. 相关参数的确定方法

影响四种规划方案的关键参数有：保证农用地生态（水资源）生产力提高的农用地面积；农用地面积的下限；在可持续发展条件下，水资源制约下的农用地面积的上限。下面主要论述上述几种参数的确定方法，其他参数的确定方法见表10-19。

表 10-19　规划方案参数的确定

参数	含义	方案 1	方案 2	方案 3	方案 4
Y_1	农业用地面积	农业用地面积增加最小	农业用地面积增加最小	水资源承载力下的最大新增农业用地面积	水资源承载力下的最大新增农业用地面积
Y_2	新增耕地面积下限		各项用地的需求量		
Y_3	新增园地面积下限				
Y_4	新增林地面积下限				
Y_5	新增人工牧草地面积下限				
Y_6	建制镇面积下限		规划人均用地指标的下限乘以人口为居民点用地的下限，规划人均用地指标的上限乘以人口为居民点用地的上限		
Y_7	建制镇面积上限				
Y_8	村庄面积下限				
Y_9	村庄面积上限				
Y_{10}	工矿用地面积	现有用地面积	生态（水资源）最大承载面积	现有用地面积	生态（水资源）最大承载面积

续表

参数	含义	方案 1	方案 2	方案 3	方案 4
Y_{11}	风景名胜及特殊用地面积下限	将保证国家、省、市重点项目用地的建设用地面积作为下限			
Y_{12}	公路用地面积下限				
Y_{13}	铁路用地面积下限	将保证国家、省、市重点项目用地的建设用地面积作为下限			
Y_{14}	设施农业用地面积下限	用地的需求量			

对宁夏中部干旱带而言，粮食生产是该地区的重要社会目标，因此，农业生产是该地区肩负的重要职能，为保障粮食安全，农业的发展不容忽视。因此，在该地区农业生产必须保证，同时还要通过高效节水等技术措施，提高土地的生态（水资源）效益。按照地区社会经济发展目标，到2030年，宁夏中部干旱带农业在 GDP 中占到8%，即96亿元，而现状为50.1亿元，以科技发展为农业带来60%的经济增长计算，现有农业到2030年的产值达80.16亿元，新增农业用地的效益应为15.84亿元。基于这样的目标，农业用地的最小面积应保证在现有耕地的量的基础上增加，且增加部分带来的收益至少为15.84亿元。按照当前农业用地（能得到灌溉）纯收益平均1 500元／亩计算，到2030年，将达到2 400元／亩，即增加农业用地最小面积为44 000 hm²。但农业的发展会消耗大量水资源，致使经济得不到有效发展，农业用地的规模也应随社会经济的发展循序渐进，这是符合可持续发展思想的。到2030年，随着科技的进步，在保证农业生产水平提高的前提下，农业用水占到水资源总量的比例降低到70%（其他用水按5% 计算）以下，由此可以推算2030年宁夏中部干旱带需灌溉的农业用地的发展规模应不大于126 864 hm²，除去现有灌溉农业用地69 335.45 hm²，在可利用水资源条件下，农业用地新增面积最大为57 528.55 hm²。

为保障地区经济的增长，实现代内公平，地区工业就必须得到发展，增加第二产业的收益，因此，工矿用地至少要保持现有水平，即工矿用地的最小面积为4 417.04 hm^2。但在代际公平原则下，受生态（水资源）条件的制约，工业最大用水量占到水资源总量的25%，按照国家各类用地耗水量标准，考虑宁夏中部干旱带实际，按平均10 000 m^3/（km^{-2}·d^{-1}）计算，工矿用地的最大发展规模为6 591.45 hm^2。

按宁夏新农村规划的用地标准，建制镇90～120 m^2/人，村庄70～120 m^2/人。

2. 农业用地面积的计算

按照四种规划方案满足代际公平的要求，计算新增农业用地面积，计算结果为：方案1为农业用地的最小增加面积，即44 000 hm^2；方案2为44 000 hm^2；方案3为57 528.55 hm^2；方案4为57 528.55 hm^2。

3. 工矿用地面积的计算

按照四种规划方案满足代际公平的要求，计算工矿用地的面积，计算结果为：方案1为工矿用地的现状面积，即4 417.04 hm^2；方案2为6 591.45 hm^2；方案3为4 417.04 hm^2；方案4为6 591.45 hm^2。

（九）各方案有关参数确定的结果

各方案有关参数确定的结果见表10-20。

表 10-20　四种规划方案中参数选择表

单位：hm^2

参数	含义	方案1	方案2	方案3	方案4
Y_1	农业用地面积	44 000	44 000	57 528.55	57 528.55
Y_2	新增耕地面积下限	0	0	0	0
Y_3	新增园地面积下限	0	0	0	0
Y_4	新增林地面积下限	0	0	0	0
Y_5	新增人工牧草地面积下限	0	0	0	0
Y_6	建制镇面积下限	11 880	11 880	11 880	11 880
Y_7	建制镇面积上限	15 840	15 840	15 840	15 840
Y_8	村庄面积下限	13 860	13 860	13 860	13 860

续表

参数	含义	方案1	方案2	方案3	方案4
Y_9	村庄面积上限	23 760	23 760	23 760	23 760
Y_{10}	工矿用地面积	4 417.04	6 591.45	4 417.04	6 591.45
Y_{11}	风景名胜及特殊用地面积下限	1 585.24	1 585.24	1 585.24	1 585.24
Y_{12}	公路用地面积下限	6 540.16	6 540.16	6 540.16	6 540.16
Y_{13}	铁路用地面积下限	1 653.07	1 653.07	1 653.07	1 653.07
Y_{14}	设施农业用地面积下限	951.44	951.44	951.44	951.44

（十）方案优化

利用多目标线性规划模型对各种方案进行优化，优化结果见表10-21。

表 10-21　土地可持续利用规划方案备选库

单位：hm^2

变量	含义	方案1	方案2	方案3	方案4	初状态
X_1	新增耕地（水浇地）	25 956	23 747	32 445	30 574	0
X_2	新增园地	14 387	15 329	18 376	20 553	0
X_3	新增林地	769	962	1 433	2 693	0
X_4	新增人工牧草地	2 888	3 962	5 275	3 709	0
X_5	建制镇	15 840	15 840	15 840	15 840	7 468.92
X_6	村庄	15 888	14 454	15 933	14 497	50 633.45
X_7	工矿用地	4 417.04	6 591.45	4 417.04	6 591.45	4 417.04
X_8	风景名胜及特殊用地	5 919.9	3 457.6	4 531.7	1 997.9	1 585.24
X_9	公路用地	20 497	10 645	20 769	10 902	6 540.16

变量	含义	方案 1	方案 2	方案 3	方案 4	初状态
X_{10}	铁路用地	21 175	7 141.2	22 182	8 155.3	1 653.07
X_{11}	设施农业用地	14 461	7 855.4	7 500.7	951.44	951.44

第五节　宁夏中部干旱带适水发展的土地可持续利用规划方案评价

一、规划方案的单目标效益

四种规划方案下的土地可持续利用的单目标效益评价结果见表10-22。

从规划方案的效益来看，与备选方案相比，原规划方案目标函数均占优，指标值比备选方案都要高。这说明原规划方案是一种农地保护型规划方案，对其他效益考虑较少，既不利于经济发展，也不利于生态环境建设。

从规划方案的公平性来看，原规划方案没有考虑区域系统的输入，对区际公平性考虑较少，需要其他政策进行调控（如减小农业各项用地规模等）。而另外四种方案在假设区域系统的输入前提下进行规划，基本上兼顾了代际公平和区际公平，充分考虑了宁夏中部干旱带土地后备资源充足的特点。

表 10-22　宁夏中部干旱带不同规划方案的单目标效益

方案	经济效益 / 万元	生态效益 / 万 m³	农用地需求满足度 /hm²
方案 1	11 198 358	59 367.63	58 461.00
方案 2	11 198 371	59 657.32	51 855.40
方案 3	11 198 360	59 824.59	65 029.70
方案 4	11 198 318	59 824.29	58 480.44

二、规划方案单目标效益的排序

规划方案单目标效益的排序见表10-23。

表 10-23　规划方案单目标效益的排序

方案	经济效益权重名次	生态效益权重名次	社会效益权重名次
方案 1	3	1	3
方案 2	1	2	4
方案 3	2	4	1
方案 4	4	3	2

三、规划方案效益的综合评价

目标函数偏差变量权重方案下，经济效益、生态效益、社会效益的权重系数分别为0.47、0.36、0.17，按照规划方案的排序，应用加权计算法计算出各方案的加权名次（见表10-24）。从表10-24可以看出，规划方案的综合加权名次为方案2、方案1、方案3、方案4。

表 10-24　规划方案的综合排序

方案	经济效益权重（0.47）		生态效益权重（0.36）		社会效益权重（0.17）		综合加权名次
	名次	加权名次	名次	加权名次	名次	加权名次	
方案 1	3	1.44	1	0.36	3	0.51	2.31（2）
方案 2	1	0.47	2	0.72	4	0.68	1.87（1）
方案 3	2	0.94	4	1.44	1	0.17	2.55（3）
方案 4	4	1.88	3	1.08	2	0.34	3.30（4）

从规划方案结果来看，规划方案基本达到了设计要求，从而保证了土地利用效益的提高，同时满足了土地可持续利用的要求。

第六节　小结

本章通过对宁夏中部干旱带土地利用现状的分析与评价，用层次分析法研究了影响和制约该地区生态、经济、社会效益的主要因素，并对各因素进行了障碍度的科学测算和排序，从而为研究宁夏中部干旱带水土资源可持续利用规划奠定了重要的理论基础。

本章在水土资源利用现状评价基础上，分析了宁夏中部干旱带土地利用中存在的问题，根据宁夏经济发展规划，结合宁夏中部干旱带实际，确定了宁夏中部干旱带2030年社会经济发展目标。本研究把水资源的合理开发利用作为实现该地区生态合理性的评判标准，以当地经济与区域外经济的协调发展作为社会公平的可持续发展条件，在此基础上，将宁夏中部干旱带水土资源的可持续利用作为一个研究体系（系统），以经济、生态、社会目标的实现为目的，构建大系统多目标规划模型，在模型中分别把工业用地规模和农业用地规模对水资源（生态）效益的影响进行组合，设计了四种规划方案，对四种规划方案求解，并对其结果进行综合评价，为该地区基于水资源承载力的土地利用规划提供科学依据。

该模型的优点是：在范围越小的区域，水土资源利用类型越简单，多目标规划模型的变量也越少，而且模型中系数的可靠性也越高，从而求出的解更符合水土资源可持续利用规划的要求。缺点是：区域范围过大时，模型中系数的划分不够细腻，综合性偏强，分析起来较困难，会有误差存在，从而影响到多目标规划模型和综合效益评价的结果。

后　记

本书是宁夏自然科学基金"宁夏中部干旱带适水发展的土地可持续利用规划研究"（2021AAC03066）的成果之一，其出版得到了宁夏大学研究生教材建设项目的资助。

本书在编写过程中得到了宁夏自然资源资产统计核算中心张永红教授、宁夏大学王德全博士的大力支持和帮助，书稿在模型建构和校核期间西安建筑科技大学博士研究生张晓宇给予了热情帮助和支持，在此谨向他们致以衷心的感谢。

本书出版过程中，宁夏大学的有关领导和众多同事给予了无私的支持和帮助，尤其是宁夏自然科学基金、宁夏大学研究生院等相关领导提供了学习、工作和业务上的诸多帮助，在此表示诚挚的感谢。

干旱地区以水定地的理论研究拓宽了相关学科研究的深度和广度，在前人潜心实践和研究的基础上，有关科研成果日新月异，本著作仅反映了干旱地区水土资源利用规划的冰山一角，希望能在该领域起到抛砖引玉的作用。由于时间仓促、作者水平有限，错误和疏漏之处在所难免，敬请相关专家和读者批评指正。本书引用了许多专家、学者的研究成果，虽做了标注，但难免遗漏，敬请谅解。